Information und Kosmos

Ein Handwerk der Rationalität

© Günter Hiller 2014

Herstellung und Verlag:
BoD Books on Demand, Norderstedt
ISBN 9 783735 736741

4. Auflage
gunterhiller@gmail.com

Vorwort zur dritten Auflage

Die ersten beiden Auflagen trugen noch den Titel ‚**Das Handwerk der Rationalität** – *Vom Charme des Zufalls und den fragwürdigen Dogmen der Physik*'. Das ursprüngliche Ziel dieser Abhandlung war es, die fundamentalen Grenzen unserer Rationalität aufzuzeigen. Das sind zum einen unvorhersehbare und daher unerklärliche Zufälle und zum anderen ist es das Beharren auf zunächst nützlichen und notwendigen Dogmen, die aber im Verlauf weiterer Erkenntnisse unhaltbar werden.

Die Tatsache, dass alle unsere Vorstellungen von Raum, Zeit und Materie ursprünglich auf Informationen, die wir aufnehmen und verarbeiten, zurückzuführen sind, führte zu meinem grundsätzlichen Paradigmenwechsel, mein Hauptaugenmerk den Informationen zuzuwenden, was sich auch im Titel dieses Buches niederschlagen sollte. Die Informationen, die wir wahrnehmen können, bestimmen, welche Vorstellungen des Kosmos uns möglich sind.

Aussagen über Bewusstsein habe ich nur angedeutet, da es einem Zirkelschluss entspringt. Bewusstsein ist einerseits die Grundlage jeder Philosophie, gleichzeitig aber auch deren Ergebnis. Diese Art Zirkelschluss wird uns in den Ausführungen mehrmals begegnen und beruht letztlich auf Hegelscher Dialektik.

Antigua, im März 2014

Günter Hiller

Vorwort zur vierten Auflage

Die Ähnlichkeit von Heisenbergs Unschärferelation und Gödels Unbestimmtheitssatz hat mich seit Jahren beschäftigt, obwohl sie in ganz unterschiedlichen Disziplinen zu Hause sind. Beiden gemeinsam ist die Tatsache, dass sie aus der Betrachtung von ‚Informationsquanten' resultieren. Es war daher naheliegend, sich mit dem Problem der Unbestimmtheit näher zu befassen, was mich dazu veranlasste, ein zusätzliches Kapitel (12) über Unbestimmtheit in der vierten Auflage einzufügen.

Meinen Gedankengängen folgend, lag es durchaus auf der Hand, diese Unbestimmtheit mit der Existenz von unvorhersehbaren, also völlig zufälligen Fehlern zu begründen. Insofern rundet diese Unbestimmtheit meine zuvor dargelegten Ausführungen ab und untermauert zudem meine These, dass Energieerhaltung zwar für den begrenzten Bereich der Physik durchaus seine Berechtigung hat, aber nicht für ein offenes Universum.

Energieerhaltung ist ein Erfahrungssatz, der bisher nicht widerlegt werden konnte, weil die Messgenauigkeiten in physikalischen Experimenten dazu gar nicht ausreichen und Energieänderungen weitaus geringer sind als Ergebnisse, die mit experimentellen Fehlerquellen behaftet sind. Ich bin selbst Experimentalphysiker und weiß aus eigener Erfahrung, dass man oft nur das sieht, was man sehen möchte. Zudem ist Energieerhaltung ein heiliger Gral, der von den (selbst) ernannten Gralshütern natürlich nicht in Frage gestellt werden darf.

Heiterwang, im Oktober 2014

Günter Hiller

Inhalt

Prolog   7

I Grundlegende Gedanken   17

    1. Rationalität und Logik   17
    2. Wirkung   20
    3. Wirkung und Information   23
    4. Quantenverschränkung   27

II Weiterführende Überlegungen   31

    5. Drei Dogmen   31
    6. Offene Systeme und Qualität   39
    7. Kommunikationsmodell   46
    8. Informationsmuster   51
    9. Psychologische Aspekte   57
    10. Systemtheoretische Aspekte   64
    11. Rationalität und Emotion   70
    12. Unbestimmtheit   79
    13. Zeit   85

III Grenzen der Rationalität   89

IV Credo   97

Epilog   115

Eine kleine Geschichte der Welt   127

Literatur   135

Great minds discuss ideas.
Average minds discuss events.
Small minds discuss people.

Eleanor Roosevelt

Prolog

Probleme der Spezialisierung

Als ich 1968 als Tutor in der Experimentalphysikvorlesung von Prof. Boersch gearbeitet habe, kamen während der Studentenunruhen einige „68er" in seine Vorlesung und warfen lebende Hühner auf die justierten Versuchsapparaturen. Unsere ganze Arbeit war umsonst und in mir reifte die Einsicht, dass die Physik das Leben, in dem Fall lebende Hühner, gar nicht vorsieht oder berücksichtigt, obwohl Physik die Erfindung von uns, von uns Lebenden, ist. Für ein Verständnis der Welt lassen sich demnach Physik, Biologie und all die anderen Wissenschaften gar nicht trennen. Eine weitere Vertiefung in die Physik ohne Berücksichtigung von Psychologie, Soziologie und der Religion erschien mir daher unangemessen.

ALPHA-Prinzip

In der Philosophie beruft man sich zur Erklärung des Lebens gerne auf das anthropische Prinzip. In Verallgemeinerung des starken anthropischen Prinzips wurde dann ein ALPHA-Prinzip formuliert:

„*Die ALPHA-Bedingungen – das sind die Gesetze der Natur sowie die Eigenschaften von Materie und Raum-Zeit – führen zwangsläufig zur Entstehung und zum Wachstum von Komplexität und Information (Wirkungspotenz)*".

Dieses ALPHA-Prinzip war und ist für mich keine Erklärung. Es entspricht etwa dem Nachrationalisieren eines Physikers, der aber nur den Endzustand kennt, dafür jedoch ‚eherne', also unveränderliche Naturgesetze postuliert. Deshalb sollte man es eigentlich nach dem letzten Buchstaben des altgriechischen Alphabets benennen, also als OMEGA-Prinzip bezeichnen. Um so ein Prinzip zu formulieren, muss man nicht einmal nachdenken, genau genommen darf man nicht einmal nachdenken.

Schöpfung

In der Physik werden zwei Fragen fast immer kunstvoll ausgeklammert oder zumindest weiträumig umgangen:
1. Was ist Schöpfung – Eine Schöpfung widerspricht dem Energieerhaltungssatz der Physik.
2. Was ist Masse – Die Maßeinheit der Masse gehört nicht zu den primären Grundeinheiten eines physikalischen Einheitensystems. Im Standardmodell der Teilchenphysik ist für die Masse das sehr fragwürdige Higgs-Teilchen verantwortlich, immerhin eines Nobelpreises für würdig befunden. Nach Einstein sind Masse und Energie äquivalent ($E = mc^2$). Für die Umwandlung von Masse in Energie gibt es in der Physik viele Beispiele, z.B. unsere Sonne oder die von Menschen erdachten und gebauten Atom- und Wasserstoffbomben. Wenn ich aber nach der Umwandlung von Energie in Masse suche, ist die Physik für mich eher ein leeres Buch (bei der Paarbildung durch energiereiche Photonen bin ich mir nicht sicher), aber in der Biologie werde ich sofort fündig.

Die Photosynthese in Blättern ist eine geniale Erfindung der Natur. Das Wachstum von Bäumen ist eine einfache Erklärung für die Erzeugung von Masse aus Energie, ist aber ein vergleichsweise sehr, sehr langsamer Prozess. Evolution erklärt zudem die Entstehung der Artenvielfalt, eine Verbindung der beiden erklärt dann nicht nur die Entstehung von Masse aus Energie, sondern gleichzeitig auch die Schöpfung.

Information, Wirkung und Kommunikation

Sollten Wirkung und Information dasselbe oder äquivalent sein, dann lässt sich Information als ein Produkt aus Energie und Zeit auffassen und könnte somit für die Entstehung von Masse verantwortlich sein. Ich versuche die Gleichsetzung von Information und Wirkung im Verlauf zu erklären oder herzuleiten, bin mir aber bewusst, dass es sich dabei um keinen lupenreinen Beweis handelt oder handeln kann. Wirkung hat eine eindeutige physikalische Definition, ist also völlig rational. Dagegen ist unsere Vorstellung von Information sehr viel weitläufiger und hat emotionale Komponenten. Insofern muss ich die Gleichheit von Information und Wirkung als These bezeichnen.

Diese These dreht dann aber das oben erwähnte, von mir nun OMEGA-Prinzip genannt, um, in ein wirkliches ALPHA-Prinzip:

„Informationen bewirken ein Universum, in dem Informationsaustausch, Informationsverarbeitung und Informationsspeicherung möglich sind. Der Wettbewerb der Informationen führt zu mehr Komplexität und daher zu sich ständig wandelnden Organisationsformen."

Demnach ist es Aufgabe der Physik, die derzeitige Organisationsform unseres Universums zu erklären. Das Alter eines solchen Universums lässt sich nicht bestimmen, da Raum, Zeit und Energie von den jeweils verfügbaren und vorhandenen Informationen abhängig sind.

Diese Idee ist mindestens 2000 Jahre alt, denn sie sagt eigentlich nichts anderes aus, als das im Neuen Testament bei Johannes 1.1 zu lesen ist: *„Im Anfang war das Wort."*

Zum Austausch von Informationen muss dieses Universum Kommunikationsformen bereitstellen, die dem Abstand der Kommunikationspartner angemessen sind. Stellen sie sich vor, sie wohnen in Berlin und wollen sich mit ihrem Freund im 1000 km entfernten Paris unterhalten (nur angenommen Schallwellen könnten diese Distanz überbrücken), dann würde es bei einer Schallgeschwindigkeit von 333 m/s also fast eine Stunde dauern bis ihre Nachricht ihren Freund erreicht und anderthalb Stunden bis zu einer Antwort. Selbst wenn es möglich wäre, würden sie diese Kommunikationsform als wenig praktikabel betrachten. Nach Einstein sollen aber Milliarden von Lichtjahren voneinander entfernte Galaxien nur mit Lichtgeschwindigkeit miteinander kommunizieren dürfen? Mein gesunder Menschenverstand ist damit völlig überfordert. Das veranlasste mich zu der Vermutung, dass es in unserem Universum andere Kommunikationsformen geben muss, die uns nicht oder noch nicht zugänglich sind, die man aber auf keinen Fall kategorisch ausschließen darf. Nur, weil wir keine Antennen oder Sinne für eine Kommunikationsform haben, heißt das nicht, dass diese nicht existiert.

Nach meinem Informationsmodell müsste der Anfang unseres Universums energielos, oder jedenfalls extrem energiearm gewesen sein und es musste eine erste Information (Im Anfang war das Wort) gegeben haben, die die Fähigkeit hatte, sich zu vermehren. Ob man diese erste Information nun dem Zufall oder Gott zuschreibt, bleibt jedem selbst überlassen. Entscheidend für meine Überlegungen ist aber, dass sich am Anfang die Informationen langsam vermehren und somit die Energie des Universums auch nur langsam zunimmt. Die ersten, ursprünglichen Kommunikationsformen sind somit bei niedrigsten Energien angesiedelt und somit unseren heutigen Messempfindlichkeiten unzugänglich. Erst im Laufe der Zeit, mit der Zunahme der Energie im Universum, können sich Kommunikationsformen herausbilden, die unseren heutigen Alltag bestimmen und von uns Menschen mit unseren Sinnen wahrgenommen werden können.

Wasserstoff und Hintergrundstrahlung

Die nächste ungelöste Frage, die sich daraus ergibt, ist, wie aus Informationsbündeln Wasserstoff entstehen kann. Wasserstoff ist die Grundbedingung für ein ‚sichtbares' Universum. Der Rest lässt sich mit den heutigen Erkenntnissen erklären. Riesige Wasserstoffmengen kooperieren zu Fusionsreaktoren wie beispielsweise unsere Sonne, die der Erzeugung von Helium und höherwertigen Elemente dienen. Mit der Entstehung von Wasserstoff geht eine neue Kommunikationsform einher, der Elektromagnetismus.

Dieses Wachstumsmodell des Universums widerspricht in allem, aber wirklich in allem, dem Urknallmodell, mit dramatischen Konsequenzen. Bei einem Wachstumsmodell liegen die Geheimnisse unseres Universums im Bereich kleinster Energien und nicht im Hochenergiebereich, wie es ein Urknallmodell vermuten lässt. Damit muss auch eine andere Erklärung für die kosmische Hintergrundstrahlung gefunden werden, die rein elektromagnetisch ist!

Denkbar ist, dass sie die Summe der Kommunikationen aller Atomkerne im Universum repräsentiert. Diese wird in fernen Teilen als Rauschen wahrgenommen. Dieses Rauschen müsste abhängig sein von der jeweiligen Atomkerndichte, also der Anzahl Atomkerne in einem Volumen. Da aber in einem offenen Universum diese Dichte gewissermaßen frei wählbar ist, kann dieses Rauschen eigentlich nur ein Hinweis auf die ‚Lieblingsdichte' unseres Universums sein. Es ist also kein Hinweis auf ein Naturgesetz, sondern auf eine Präferenz. In einem organisch gewachsenen und wachsenden Universum gibt es keine Unwahrscheinlichkeiten, denn so ein Universum repräsentiert das, was seine Bewohner insgesamt erfordern und bereitstellen.

Regeln versus Gesetze

In einem wachsenden Universum kann es keine starren und festen Gesetze geben, denn es muss auf ständige Veränderungen reagieren können! Woher sollte ein wachsendes Universum wissen, wie es in 10 Milliarden Jahren aussehen wird? Wir können uns nicht einmal vorstellen, wie unsere Erde in wenigen Jahren aussehen wird, ob sich einzelne Prozesse verlangsamen oder beschleunigen werden.

Vielleicht hat mich meine Arbeit in der Erdölindustrie, wo man in Zeiträumen von mehreren hundert Millionen Jahren denken muss, darauf vorbereitet, ein ganz anderes Verständnis der Zeit zu erlangen. Meine ständige Zusammenarbeit mit Paläontologen und die Beschäftigung mit der Paläontologie haben ein tieferes Verständnis der Evolution bewirkt. Da ich mein Leben lang daran gewöhnt bin, Probleme immer aus den unterschiedlichsten Blickwinkeln zu betrachten und zweifeln für die Grundlage jeder Erkenntnis halte, wundere ich mich, dass sich ‚Wissenschaftler' darauf geeinigt haben, dass unser Universum 13,7 Milliarden Jahre alt ist – ohne dass ein Sturm der Entrüstung oder tosendes Gelächter zu hören ist.

Haben wir einfach nur Angst, die auf der Spitze stehende Pyramide unserer Anschauungen und ‚Erkenntnisse' auch nur zu berühren, weil wir befürchten, dass sie umfallen könnte? Oder wollen wir nur die Kuh, die wir melken nicht schlachten? Als mir klar wurde, dass die Erdölindustrie der Menschheit mehr Schaden (Klimaerwärmung) zufügt als Nutzen (preiswerte Energie) bringt, habe ich ihr den Rücken zugekehrt. Ein schwieriger Schritt, aber als ich merkte, dass Profit wichtiger ist als gute Argumente, blieb eigentlich keine andere Wahl. Ist das in der Physik heute anders? Urknalltheorie und Hochenergiephysik (Milliardenzuschüsse vieler Länder für CERN), Stringtheorie (ohne sie bis vor kurzem keine Professur für Physik in den USA) sind nur die Spitze eines Eisbergs. Jeder Doktorand muss die Thesen seines Professors verteidigen - sonst wäre seine Promotion fragwürdig.

Im (Un)Ruhestand ist aber alles anders. Ich darf der allgemeinen Lehrmeinung widersprechen und muss nicht jedes Argument haarklein beweisen. Natürlich laufe ich Gefahr, mich zu verrennen, aber kann es denn noch schlimmer, oder besser unwahrscheinlicher werden als es die allgemeine Lehrmeinung vorsieht? Wenn man eins von 2 Billiarden (!) Ereignissen als Bestätigung für das Higgs-Teilchen akzeptiert oder unserem Universum eine Wahrscheinlichkeit von 10^{-59} zubilligt, muss man schon den gesunden Menschenverstand ausschalten. Ich kann mich damit nicht abfinden!

Gedächtnis

Der nächste Schritt für eine Akzeptanz eines Wachstumsmodells ist die Beantwortung der Frage, wie man ein Wasserstoffatom als Informationsspeicher beschreiben kann oder was ein Wasserstoffatom dazu prädestiniert als Informationsspeicher, als Gedächtnis zu fungieren. Ein Gedächtnis zeichnet sich dadurch aus, dass man ihm Information(en) zuführen kann, die sich dann bei Bedarf wieder abrufen lässt (lassen).

Reicht es schon aus, dass ein Wasserstoffatom Photonen absorbieren und emittieren kann? Vielleicht ist das schon das fehlende Puzzle-Teil, denn in der Evolution spricht man auch gerne von Koevolution, dass sich also beispielsweise eine Kommunikation und die zugehörigen Kommunikationspartner parallel entwickeln. Letztlich ist das eine ohne das andere sinnlos. Wie ich später darlegen werde, ist ein Gedächtnis eine Grundvoraussetzung für Wettbewerb, den Motor der Evolution.

Und wieder muss die Evolution, oder besser Koevolution etwas erklären, wozu die Physik nicht in der Lage ist. Im Grunde genommen kann die Physik nur die Entstehung von „Unordnung" oder Gleichgewichten erklären aber nicht die Entstehung von Ordnung, von Ungleichgewichten. Natürlich ist diese Aussage überspitzt, unterlegt aber meinen Wunsch, nach den wissenschaftlichen Grundlagen einer generellen Evolutionstheorie zu suchen, der auch die physikalischen Gesetze unterliegen. Evolution bedeutet letztlich Veränderung und Anpassung. Den langen Weg dorthin habe ich in meinem Buch „Meine Zeit" beschrieben.

Urknall

Ich habe in meinen Ausführungen bewusst den Begriff ‚Entropie' vermieden, da seine Erklärung schon bei Wikipedia mehrere Seiten beansprucht, er inzwischen in vielen Bereichen verwendet wird und mir seine Bedeutung nicht eindeutig genug erscheint.

Wenn wir das Universum mit einer Tasse vergleichen, ergeben sich originelle Parallelen. Für die Zerstörung einer Tasse benötigt man höchstens Sekunden und die Physik kann das sehr gut erklären. Aber für die Entstehung einer Tasse muss man tief in die Vergangenheit schauen und findet einen fortwährenden Prozess, der irgendwann einmal bei der Idee für ein Trinkgefäß angefangen hat, sich dann über Materialsuche, Materialformung bis hin zum Brennen geeigneter Materialien fortsetzt. Im Gegensatz zur Zerstörung lässt sich dieser Prozess nicht in Sekunden beschreiben, sondern in Tausenden von Jahren. Es handelt sich um einen evolutionären Prozess, bei dem sich nicht einmal genau sagen lässt, welche Stufe wann erreicht war.

Wir wissen alle, dass man den Film der Zerstörung einer Tasse nicht rückwärts laufen lassen darf. Wir können ihn zwar theoretisch rückwärts laufen lassen, aber es macht keinen Sinn! Ich habe nun aber das Gefühl, dass beim Urknallmodell Physiker versucht haben, einen Film rückwärts laufen zu lassen, den sie nicht rückwärts laufen lassen dürfen! Wenn man es aber dennoch tut, dann erhält man für das Alter der Tasse einen Wert im Sekundenbereich und für das Universum eben 13,7 Milliarden Jahre.

Die Absurdität dieser Urknalltheorie und die zu ihrer Entstehung verwendeten Dogmen und unzulässigen Verallgemeinerungen haben mich letztlich veranlasst, darüber etwas intensiver nachzudenken.

Abstract I

Um mit einem komplexen Gehirn eine sehr viel komplexere Welt zu verstehen, muss man Modelle der Welt erdenken, die sehr viel einfacher sind als die reale Welt, aber dennoch deren Funktion so gut als möglich darstellen. Um der enormen Datenflut, die auf uns einstürmt, gewachsen zu sein, müssen wir Filter benutzen, die das für uns Wesentliche vom Unwesentlichen trennen können. Typische Filter sind z.B. Vereinfachungen oder Verallgemeinerungen, die dazu dienen, komplizierte Sachverhalte verständlich darzustellen.

Mir geht es darum, dass wir Filter benutzen müssen, um komplizierte Sachverhalte zu verstehen und verständlich zu machen. Dabei müssen wir aber bedenken, dass jeder Filter, den wir anwenden, eine Verzerrung der Realität zur Folge hat. Filter sind nicht nur ein Mittel, sondern auch ein Produkt der Rationalität. Rationale Grundannahmen oder Dogmen sind also schon das Ergebnis eines rationalen Prozesses und wir sind somit gezwungen, auch unsere Dogmen von Zeit zu Zeit in Frage zu stellen oder zumindest zu überprüfen.

Rationalität kann also zu einer ungewollten Verzerrung der vorgestellten Realität führen. Ziel dieser Abhandlung ist es zu zeigen, dass man Rationalität als ein Handwerk betrachten muss, als eine kreative Kunst, deren Ergebnisse sowohl von den Vorgaben als auch den verfügbaren Mitteln abhängen.

I Grundlegende Gedanken

1. Rationalität und Logik

Wie vielschichtig der Begriff der Rationalität betrachtet und aufgefasst werden kann, belegt schon die Erklärung bei Wikipedia:
„Mit Rationalität (von lateinisch rationalitas ‚Denkvermögen', abgeleitet von ratio ‚Vernunft') wird ein vernunftgeleitetes und an Zwecken ausgerichtetes Denken und Handeln bezeichnet. Der Begriff beinhaltet die absichtliche Auswahl von und die Entscheidung für Gründe, die als vernünftig gelten, um ein bestimmtes Ziel zu erreichen. Er kann je nach Anwendungsbereich und je nachdem, was man als vernünftig betrachtet, unterschiedliche Bedeutungen haben. Man spricht in der Moderne deshalb auch von verschiedenen Rationalitäten der einen Vernunft."

Rationalität ist demnach an Vernunft gebunden und auf einen Zweck ausgerichtet. Was mit verschiedenen Rationalitäten der einen Vernunft genau gemeint ist, ist leider nicht weiter ausgeführt. Da auch kaum zwei Menschen die gleiche Vorstellung von Vernunft haben, ist diese Definition für das Handwerk der Rationalität eher ungeeignet. Wenn man von ‚der einen Vernunft' spricht, impliziert man ja wohl auch eine ‚unbedingte Vernunft'. Zuvor wird aber gesagt, dass sich Vernunft auf ein bestimmtes Ziel bezieht, also nur bedingt sein kann! Wenn nun aber Vernunft, wie das Leben an sich, an Bedingungen geknüpft ist, macht es überhaupt keinen Sinn von ‚der einen Vernunft' zu reden.

Da es anscheinend nicht nur eine Vernunft gibt und zu jeder Vernunft auch noch verschiedene Rationalitäten, Rationalität also sehr vielschichtig zu sein scheint, möchte ich von einer Schicht, der Logik, ausgehen. Wenn Rationalität mehr als Logik ist, dann könnte dieses ‚mehr' ein Schlüssel zum Verständnis der Rationalität sein.

Ich möchte daher zunächst meine eigene Definition der Logik voranstellen: **Mit Logik bezeichne ich einen Denkprozess, der einen Sachverhalt auf eine Folge von Fragen reduziert, die entweder mit Ja oder Nein beantwortet werden können.** Diese Definition der Logik bezieht sich direkt auf Informationen und letztlich auf ein Informationsbit, das nur zwei Werte 1/0 oder Ja/Nein annehmen kann. Diese Definition impliziert auch, dass Logik auf einer Kausalkette basiert, auf Dualismus und somit auch Komplementaritäten. Diese präzise Definition ist für das weitere Verständnis der Ausführungen äußerst wichtig, denn nur so lassen sich auch Grenzen der Logik klar erkennen.

Warum möchte ich eine so einfache Definition für etwas so anscheinend Komplexes wie die Logik verwenden? Ich betrachte Logik als die Basis für ein bewusstes Verstehen. Das ist für mich entscheidend. Logik ist eine Folge bewussten Denkens, ist also klar von Instinkt, Intuition oder Emotion zu trennen, die durchaus vernünftig sind oder sein können und somit auch zur Rationalität beitragen können. Ich unterscheide bewusst zwischen rationalitas - Denkvermögen und ratio - Vernunft. Was tatsächlich vernünftig ist, ist oftmals erst das Ergebnis eines Denkvorgangs, und nicht der Denkvorgang selbst.

Neben dem Begriff des Bewusstseins muss noch geklärt werden, was wir eigentlich mit Verstehen meinen. Hätte ich diese Frage etwas anders formuliert: 'Was verstehen wir unter Verstehen', würde man sofort den Zirkelschluss erkennen, der uns die Erklärung des Begriffs eigentlich unmöglich macht. Ich denke, diese 'einfache' Frage hat schon viele große Geister beschäftigt. Eine der besten Antworten habe ich bei Niels Bohr gefunden: 'Verstehen heißt Vereinfachen'. Diese Erklärung ist für mich persönlich die mindestens im Moment bestmögliche und hat somit meine Suche nach einfachen Erklärungen und Definitionen nur noch beflügelt.

Vereinfachen heißt gleichzeitig meist auch Verallgemeinern. Durch eine Vereinfachung oder Verallgemeinerung kann man niemals den wahren Sachverhalt darstellen. Vereinfachungen haben immer Ungenauigkeiten zur Folge. Solange man sich dessen bewusst ist, müssen Vereinfachungen immer mit besonderer Vorsicht betrachtet werden. Vereinfachungen sind für das Verständnis eines Prozesses hilfreich, aber sie verschleiern auch etwas.

Unser Denkvermögen ist schon auf Grund der Endlichkeit unseres Gehirns endlich. Dadurch sind wir einerseits gezwungen zu vereinfachen, mit den entsprechenden Folgen, und andererseits sind wir dadurch auch nicht in der Lage, Informationen beliebig weit zu unterteilen. Letztlich bleibt ein unteilbares Informationsbit, das letzte Glied einer durchaus unterschiedlich langen Folge. Unser rationales Verstehen erzeugt also einen immer undurchsichtiger werdenden Schleier, der beim Informationsbit plötzlich gänzlich undurchsichtig wird. Was dahinter liegt, entzieht sich unserem Verständnis. Das Informationsbit stellt die Grenze logischer Erkenntnisfähigkeit dar, es beschreibt also die kleinste logisch noch zu bewältigende Datenmenge.

Wie kommt nun aber unser Gehirn an Informationen? Dieser Frage werde ich nun in den nächsten beiden Kapiteln widmen.

2. Wirkung

Erkenntnis gewinnt man durch Erkennen, Wahrnehmen, Empfinden, also dadurch, dass etwas auf einen einwirkt. Vielleicht ist der Ursprung des Begriffs der Wirklichkeit auf den Begriff der Wirkung zurückzuführen. Wenn man also annimmt, dass alle Informationen, Erkenntnisse und damit auch mögliche Veränderungen ursächlich auf Wirkung beruhen, muss es sich bei Wirkung anscheinend um ein grundlegendes Element der Natur handeln.

Schon die alten Griechen haben gefordert, dass sich die Welt auf unteilbare Bestandteile (átomos = das Unteilbare) reduzieren lassen müsste. In der (falschen) Annahme, dass das Wesentliche der Welt Materie ist, wurde der Begriff des Unteilbaren auf Materie gemünzt und im Sprachgebrauch der Begriff des Atoms geprägt. In vielen Köpfen ist diese Idee bis heute präsent.

Erst 1900 musste Max Planck bei der Erklärung der Strahlung eines schwarzen Körpers eine Hilfsgröße h einführen, die nur in ganzzahligen Vielfachen vorkommen durfte, um der Theorie Bestand zu geben. Der Wert dieser 'unteilbaren' Hilfsgröße ließ sich ermitteln, aber entscheidend war (oder ist), dass diese Hilfsgröße die Dimension einer Wirkung hat. Und gerade diese 'Unteilbarkeit' hebt natürlich die Wirkung aus anderen physikalischen Größen heraus.

Eine andere physikalische Variable, die gequantelt ist, ist der sogenannte Spin (Eigendrehimpuls) von Elementarteilchen. Vielleicht ist es nach den bisherigen Ausführungen nicht verwunderlich, dass der Spin die Dimension einer Wirkung hat, aber eine gerichtete Größe (Vektor) ist. Diese Tatsache scheint die Ausnahmestellung der Wirkung nur noch zu untermauern.

In der Physik ist die Wirkung definiert als das Produkt aus Kraft F, Abstand s und Dauer t. Kraft wird auch gerne als Wechselwirkung bezeichnet, Abstand oder Länge und Dauer oder Zeit werden wahlweise verwendet. Wirkung kann man sich also bildlich als einen Quader in einem mathematischen Raum vorstellen, der durch die drei Achsen Kraft, Länge und Zeit aufgespannt wird.

Die Form dieses Quaders ist mehr oder weniger beliebig, nur das Volumen ist festgelegt als h. Also gilt: F s t = h. Da nun aber F s = E, die Energie darstellt, ergibt sich daraus die bekannte Gleichung E t = h oder E = h ν, wobei ν = 1/t die Frequenz bedeutet. Andererseits ist p = F t der Impuls und somit gilt auch p s = h, wobei h der kleinstmögliche Wert ist, den das Produkt p s annehmen kann. Schreibt man das nun entsprechend auf, ist das nichts anderes als Heisenbergs Unschärferelation. Aus der Planck'schen Forderung, dass die Wirkung nur ein ganzzahliges Vielfaches von h sein darf, ergeben sich sofort zwei wichtige Aussagen der Physik:

1. E = h ν (Einstein)   (wäre nicht E ≥ h ν folgerichtiger?)
                         (dazu noch später)
2. p s ≥ h (Heisenberg)

Damit nun aber überhaupt eine Wirkung existiert, damit die Wirkung von Null verschieden ist, darf keine der drei Komponenten selbst Null sein. Mathematisch gesprochen darf der jeweilige Quotient zweier Seiten einen Minimalwert nicht unterschreiten bzw. einen Maximalwert nicht überschreiten. Für die drei Quotienten F/s, F/t und s/t müssen also Minimal- und Maximalwerte existieren. Es lässt sich keine quantitative

Aussage über diese Werte machen, nur feststellen, dass sie existieren müssen.

Am einfachsten gelingt eine Vorstellung für den Quotienten s/t, der nichts anderes als eine Geschwindigkeit repräsentiert und Einstein lehrte uns, dass keine größere Geschwindigkeit als die Lichtgeschwindigkeit existieren darf. Die anderen beiden Quotienten zeigen uns zumindest, dass Kraftfelder zum einen zeitlich als auch in Bezug auf Entfernung begrenzt sein müssen (Dekohärenz?) und zum anderen muss ihnen eine gewisse Änderungsträgheit innewohnen. Das bedeutet aber nichts anderes als dass Wirkung eine Folge von Veränderungen ist, deren Ursache sie aber selbst ist. Wenn nun aber die Wirkung ihre eigene Ursache ist, haben wir einen ähnlichen Zirkelschluss wie beim Verstehen.

Zu bemerken ist noch, dass, wenn Kräfte zeitlich und räumlich begrenzt sein müssen, Begriffe wie ‚ewig' und ‚unendlich' gar nicht definiert sind. In der Welt der Wirkungsquanten ist für diese Begriffe einfach kein Platz.

Diese ursprüngliche Definition der Wirkung basiert auf der Unabhängigkeit der drei elementaren Größen: Kraft, Abstand und Dauer! In der modernen Physik wird aber Entfernung über das Produkt von Zeit und Lichtgeschwindigkeit definiert, also zunächst die Anzahl der Variablen von drei auf zwei reduziert. Da sich nun aber die Lichtgeschwindigkeit nur auf Elektromagnetismus bezieht, wird durch die geforderte Universalität der Lichtgeschwindigkeit genau genommen die Anzahl der Kräfte auf eine reduziert! **Drei** elementare Größen werden auf **eine** reduziert. Ist solch eine brutale Vereinfachung überhaupt noch zulässig, ohne dass ein Verständnis der Welt Schaden nimmt?

3. Wirkung und Information

Rationales Denken beschäftigt sich mit der Wirklichkeit, oder besser gesagt damit, was wir unter Wirklichkeit verstehen. Die Wirklichkeit ist im Grunde genommen nur ein Konstrukt in unserem Kopf, das sich aus all den Informationen, die wir bewusst oder unbewusst aufgenommen haben, zusammensetzt. Unser Grunddilemma ist offenbar, dass wir zwischen Information und Wirklichkeit nicht in einer operationellen, nachvollziehbaren Weise unterscheiden können (A. Zeilinger).

Im vorigen Kapitel habe ich geschrieben: 'Erkenntnis gewinnt man durch Erkennen, Wahrnehmen, Empfinden, also dadurch, dass etwas auf einen einwirkt. Vielleicht ist der Ursprung des Begriffs der Wirklichkeit auf den Begriff der Wirkung zurückzuführen.' Nun kann man aber auch sagen, dass Erkenntnis eine Folge von Informationen ist und die Basis der Information ist letztlich ein Bit, eine einzige Information, Ja/Nein oder 1/0. Ein Bit ist nicht mehr teilbar, genau wie das Wirkungsquant.

A. Zeilinger hat demgemäß die Forderung formuliert: "Naturgesetze dürfen keinen Unterschied machen zwischen Wirklichkeit und Information." Es ist offenbar sinnlos, über eine Wirklichkeit zu sprechen, über die man keine Informationen besitzen kann. Es wird das, was man wissen kann, offenbar der Ausgangspunkt für das, was Wirklichkeit sein kann! Eine Umkehrung unserer traditionellen Sichtweise.

Entscheidend ist, dass man an ein Bit oder Quant nur eine einzige Frage stellen kann, denn es kann nur *eine* Antwort geben! Und das ist absolut vernünftig! Heisenbergs Unschärferelation ist damit völlig rational: Ein Quant kann nur eine Information geben, entweder Ort oder Impuls, nicht beide! Insofern ist die Wortwahl Unschärfe aus dieser Sichtweise unglücklich gewählt, Unbestimmtheit trifft da wohl schon eher den Kern. Da es offenbar keinen Unterschied zwischen Wirklichkeit und Information geben kann, lässt sich obige Forderung noch radikaler formulieren: *Information (Wirkung) ist der Urstoff des Universums.* Damit schließt sich der Kreis: Wirkung oder Information sind der Schlüssel. Da sich die griechische Forderung nach dem Unteilbaren eigentlich nur auf den Urstoff des Universums beziehen kann, ist die richtige Antwort somit gefunden. Mit dieser Einsicht, dass Wirklichkeit und Informationen dasselbe sind, bekommt auch Logik wieder eine ganz klare Kontur und die Grenze der Logik ist einfach eine Grenze der Information, das Bit! Es ist einfach nur sinnlos, mehr zu erfragen als die vorhandenen Informationen hergeben können!

Die vielleicht wichtigste Erkenntnis dieses kleinen Kapitels ist wohl die Aussage, dass unsere vorgestellte Wirklichkeit von den vorhandenen Informationen abhängig ist, oder anders ausgedrückt: *Ohne Informationen gibt es keine Wirklichkeit!*

Das heißt aber nicht, dass die Wirklichkeit aufhört zu existieren, wenn man die Augen schließt. Informationen sind schon objektiv, nicht subjektiv. Die Auswahl der Informationen ist abhängig vom Betrachter. Deren Deutung ist abhängig von den Erfahrungen und der persönlichen Geschichte des Individuums, aber diese Subjektivität lässt sich verringern, was letztlich ein Ziel jeder ernsthaften Wissenschaft ist. Entscheidend ist aber, dass nicht mehr Wirklichkeit vorstellbar ist, oder besser, vorhanden sein bzw. verstanden werden kann, als Informationen zur Verfügung stehen.

Die Koinzidenz, dass Wirkungsquant und Informationsbit das Gleiche sind oder zumindest äquivalent sind, lässt mich natürlich stutzen. Warum sollte die Natur ihre Informationen gerade so 'quanteln' wie sie unser Gehirn verarbeiten kann? Ist es nicht eher so, dass wir die Natur nur so wahrnehmen können, wie es unserem Gehirn und unserer Sensorik möglich ist? Ist nicht gerade das Auflösungsvermögen unserer Sensoren die Ursache dafür, dass wir die Natur nur so gequantelt wahrnehmen können?

Es ist ja durchaus vorstellbar, dass das Wirkungsquant so etwas wie ein 'Trigger-Level' darstellt, damit eine (elektromagnetische) Wirkung wahrgenommen oder ausgeübt werden kann. Aber wäre es nicht eine merkwürdige Koinzidenz, wenn unsere rationale Wahrnehmungsschwelle genau der elektromagnetischen Wirkungsquantelung entspräche? Es stellt sich somit die einfache Frage, ob das Planck'sche Wirkungsquantum h eine (universelle?) Naturkonstante ist oder nur ein Konstrukt unserer Logik, da unsere heutige Sensortechnologie nur ‚ganze Photonen' detektieren kann. Wahrscheinlich lässt sich diese Frage erst in der Zukunft beantworten und noch wahrscheinlicher ist, dass diese Frage irrelevant ist, da die Wirklichkeit und ihre Konstanten sowieso nur ein Konstrukt in unserem Kopf sind.

Wenn man dennoch geneigt ist, Wirkungsquant und Informationsbit als gleich oder zumindest äquivalent zu betrachten, muss man sich immer der Konsequenz bewusst sein, dass sich diese Äquivalenz nur auf elektromagnetische Informationstransfers beziehen kann. Da der überwiegende Teil unserer Sinneswahrnehmungen elektromagnetischer Natur ist, mag diese Äquivalenz in erster Näherung gültig sein. Dieser Ansatz ist zwar durchaus verständlich, schließlich ist die elektromagnetische Wechselwirkung sehr gut verstanden und Erklärungen anderer Wechselwirkungen basieren derzeit auf analogen Modellvorstellungen, aber er verdrängt die Tatsache, dass andere Wechselwirkungen nicht ansatzweise wirklich verstanden sind. Möglicherweise ist die auf Erwin Schrödinger zurückgehende

Quantenverschränkung oder Quantensuperposition ein Indiz dafür, dass die Natur noch andere Quanten bereithält, die sich unserer 'elektromagnetischen Wahrnehmung' entziehen.

4. Quantenverschränkung

Bisher wurde nur h erklärt, aber noch nicht, was es mit der Quantenverschränkung bzw. mit der Superposition von Quanten auf sich hat. Wir sind zwar zu dem Schluss gekommen, dass ein Quant mit einem Bit Information gleich gesetzt werden kann, aber damit ist noch nicht klar, warum zwei Quanten nicht unbedingt zwei Bits sein müssen, sondern beliebige Superpositionen möglich sein können.

Dazu ist es hilfreich, sich das Wirkungsquant noch einmal als Quader im F,s,t-Raum vorzustellen. Denken wir uns den Abstand s als x-Achse, die Zeit t als y-Achse und die Wechselwirkung (Kraft) als z-Achse. Das Wirkungsquant ist einzig definiert als das Volumen dieses Quaders, aber keinerlei Aussage ist über die Form dieses Quaders gemacht, er kann breit, schmal, hoch, flach sein, wie auch immer. Betrachten wir zunächst einmal den Sonderfall einer konstanten Kraft oder Wechselwirkung, dann ist automatisch das Produkt s t festgelegt, aber eben nicht s oder t. Verschiedene Bits einer bestimmten Wechselwirkung haben dann zwar die gleiche Höhe, können aber ganz unterschiedliche Grundflächen haben. Eine 2-Bit-Kofiguration kann also beliebige Formen haben, obwohl das Volumen, also der Informationsgehalt zwei Bits entspricht! Obwohl also beide Grundflächen gleich groß sind, sind ihre Formen in der Abstand-Zeit-Ebene unterschiedlich. Allerdings ist diese Unterschiedlichkeit nicht ganz beliebig, denn wir wissen auch, dass der Quotient s/t (eine Geschwindigkeit) einen Grenzwert nicht über- bzw. unterschreiten darf.

Genau an dieser Stelle liegt der bereits am Ende von Kapitel 2 angedeutete Knackpunkt. Um die Quantenverschränkung verstehen zu können, kann man nicht auf die elementare Unabhängigkeit von Dauer und Abstand verzichten. Photonen stellen dann einen Sonderfall dar, bei dem s und t über c gekoppelt sind. Und wie sieht es nun mit der Wechselwirkung oder Kraft aus? Ist die Höhe dieses Wirkungsquaders auch beliebig? Rein theoretisch wären natürlich beliebige Wechselwirkungen denkbar, aber Experimente und Modelle belegen eher einige wenige diskrete Wechselwirkungen (WW), aufsteigend geordnet etwa: Gravitation, elektromagnetische WW und starke Kernkraft. Anscheinend kann die Höhe des Wirkungsquaders also nur diskrete Werte annehmen, von denen auf jeden Fall mindestens zwei experimentell abgesichert sind.

Beschränken wir uns zunächst auf die elektromagnetische Wechselwirkung (dafür wurde die Quantentheorie ja ursprünglich entwickelt und zur QED erweitert). Dann ist die Höhe des Quaders festgelegt. Die fast beliebige Grundfläche dieses Quaders erklärt eigentlich sofort die Quantenverschränkung: Für ein Informationsbit ist nur das Produkt s t ausschlaggebend, Abstand und Dauer einer Wirkung sind somit verschränkt. Aber Achtung: nur der Abstand. Die Ausrichtung im Raum ist willkürlich. Vielleicht sollte man besser von einer Abstand - Dauer - Verschränkung sprechen, aber der Begriff Quantenverschränkung hat sich inzwischen eingebürgert.

Diese Quantenverschränkung könnte aber ein Indiz dafür sein, dass die Natur möglicherweise ganz andere Informationen bereitstellt, die von uns aber nicht detektiert werden können, da sie unterhalb unseres technisch möglichen 'Trigger- Levels' liegen. Damit würde die Planck-Konstante degradiert von einer universellen Naturkonstante zu einer 'elektromagnetischen Wahrnehmungsniveauuntergrenze'. Genau genommen ist die Quantenverschränkung eine Folge der Gleichsetzung von Wirkungsquantum und Informationsbit und somit zunächst einmal nur eine Aussage, die für Elektromagnetismus (EM) gilt!

Eine wirklich interessante Frage ist dann ja, ob dieses Wirkungsquant h auf elektromagnetische WW beschränkt ist und ob analoge Wirkungsquanten auch für andere WW, wie beispielsweise die Gravitation, existieren. Da nach allgemeiner Lehrmeinung die Gravitation um den Faktor $\approx 10^{36}$ kleiner ist als die EMWW, müssten also für die Gravitation ganz andere Bezugsgrößen gelten. Vorstellbar ist, dass für die Wirkungsquanten der Gravitation, die ich als ‚Gravitonen' bezeichne, weder die Planck-Konstante h noch die Lichtgeschwindigkeit c relevant wären.

Wenn wir dagegen h nur als eine menschlich-logische Hilfsgröße betrachten, um unsere Sinneseindrücke verstehen zu können, dann sagt uns h gar nichts über die Welt oder die Wirklichkeit, sondern nur etwas über unser logisch-bewusstes Verstehen. Wir haben bereits gesehen, dass unser logisches Denken gequantelt sein muss, aber es erscheint doch höchst seltsam, dieses Gedankenquant mit einer elektromagnetischen Hilfsgröße (h) zu assoziieren. Die Äquivalenz von Wirkungsquant und Informationsbit würde eigentlich nichts anderes aussagen, als dass, etwas flapsig ausgedrückt, ein Photon der menschlichen Denkuntergrenze entspricht. (Wenn wir halbe Photonen nicht detektieren können, macht ihre Existenz für uns auch keinen Sinn!)

Wie stark unser Denken, oder Vorgaben an unser Denken, unsere Vorstellung von der Wirklichkeit beeinflussen können, soll im zweiten Teil gezeigt werden. Es ist schließlich eine hochspannende Frage wie Rationalität und Natur miteinander wechselwirken. In wie weit sind Vereinfachungen sinnvoll und wann beginnen sie, unser Verständnis zu torpedieren?

II Weiterführende Überlegungen

5. Drei Dogmen

Ist eine objektive Denkweise - Rationalität - überhaupt möglich, wenn man Vorgaben oder Dogmen folgt, die anfänglich durchaus als vernünftig erscheinen mögen, sich dann aber in Folge rationaler Erkenntnisse als zweifelhaft erweisen? Natürlich braucht jede Wissenschaft Axiome, auf denen sie aufbaut. Folgt man aber der Dialektik von These ⇔ Antithese ⇒ Synthese, insbesondere mit der Rückkopplung von der Synthese zur neuen These, dann besteht durchaus die Möglichkeit, dass ursprünglich 'vernünftige' Vorgaben sich im Verlauf der Entwicklung als 'Scheuklappen' herausstellen.

1. Dogma: Schöpfung
Eine Schöpfungsgeschichte ist praktisch Bestandteil jeder Religion oder Philosophie. Aus gutem Grund verwende ich die beiden Begriffe Religion und Philosophie fast synonym, denn beide, Religion und Philosophie, sind von Menschen erdacht und gemacht. Nur nennt man die einen Macher Propheten oder gar Gottes Sohn und die anderen eben Philosophen. Das gleiche gilt natürlich auch für Wissenschaft und Wissenschaftler. Allen ist gemeinsam, dass sie die Welt nicht beschreiben wie sie ist, sondern vereinfachte Modelle der Welt entwerfen, damit wir diese verstehen können. Sie unterscheiden sich nur in ihren Ansätzen, aber dazu noch später.

Wenn man ganz formal das Mysterium der Schöpfung einem Schöpfer oder 'Gott' zuschreibt, dann offenbart sich dieser Gott jedem Menschen jeden Tag aufs Neue durch diese Schöp-

fung. Warum ich bewusst den Begriff der 'formalen' Zuordnung verwende, möchte ich an einem kurzen Beispiel erläutern. Der Volkswagen-Konzern produziert das Auto 'Golf'. Man kann also den Golf getrost als eine Schöpfung bezeichnen. Daher meine einfache Frage: Wen oder was würden sie als Schöpfer des Golf bezeichnen? Auf der Suche nach einer Antwort werden sie vielleicht feststellen, dass sie als potentieller Käufer sogar selbst ein wenig beteiligt sind. Dieses Mysterium der Schöpfung zu verstehen, hat die Menschheit, jeden einzelnen Menschen, seit ihren Anfängen beschäftigt und einigen Menschen sind zu ihrer jeweiligen Zeit bessere Erklärungsversuche gelungen als anderen. Gute Erklärungen zeichnen sich dadurch aus, dass sie drei Kriterien genügen. Sie müssen
1. vernünftig sein
2. von einer Vielzahl von Menschen akzeptiert werden und
3. langlebig sein.

Interessanterweise sind das zweite und das dritte Kriterium selbstverstärkend, haben also eine positive Rückkopplung. Das zweite Kriterium wird durch den Herdentrieb des Menschen unterstützt und wird letztendlich in einer Demokratie sogar instrumentalisiert. Den Verstärkungseffekt kann man allein an dem Umstand ermessen, um wie viel schwerer es ist, nicht nur einen Einzelnen, sondern eine ganze Gruppe von einem Vorurteil abzubringen.

Das dritte Kriterium bezieht sich auf Dauer, Zeit, Überlieferung, Tradition, 'Etwas für die Ewigkeit' usw. Grundlage dafür ist der Wunsch nach Sicherheit, Geborgenheit, also die Angst vor Änderungen, dem Neuen, dem Unbekannten. Der Wunsch nach Vorhersehbarkeit und festen Strukturen hat die Menschheit seit Menschengedenken beseelt. Damit steht der Mensch aber nicht allein da. Aufgabe des Lebens ganz allgemein ist das Überleben, das Nicht-Aussterben, und die Überlebensfähigkeit eines Systems hängt stark von der Sicherheit seiner Umwelt ab.

Übrigens sind diese Kriterien die gleichen, über die auch „Normalität" definiert wird. „Normal" ist ein sehr relativer Begriff. Normalität ist demnach ein Produkt einer Kultur und Kulturen unterliegen eindeutig einem Zeitenwandel. Man kann also Normalität durchaus als eine Mode bezeichnen, allerdings eine langlebige Mode, wobei natürlich auch der Begriff langlebig relativ ist. Vielleicht rührt mein unterschwelliges Amüsement über Juristen aus deren unbekümmerter Naivität, mit viel Eifer eine wandelbare Normalität in feste Gesetze zu klopfen. (Und sind nicht Naturwissenschaftler auf dem besten Wege, den Juristen nachzueifern oder sie sogar zu übertrumpfen?)

Dogmen und insbesondere religiöse Dogmen sind nicht vorrangig davon geprägt, was ist, sondern eher davon, wie es sein sollte, sind also durchaus eine Verschmelzung von Wunsch und Wirklichkeit. Der Zeitfaktor hat aber noch einen weiteren entscheidenden Einfluss. Auf den Grundannahmen werden ja im Laufe der Zeit immer mehr Folgeannahmen aufgebaut und so entsteht im Laufe der Zeit ein immer größeres Gebäude, das auf dem Fundament der Grundannahmen errichtet wird und jeder Auf- und Ausbau macht es rational schwieriger, das Gebäude aufzugeben. Im Grunde ähnelt dieses Gebäude einer auf den Kopf gestellten Pyramide. Wenn man da am Fundament kratzt...

Nun aber zurück zur Schöpfung. Die Tatsache einer Schöpfung möchte eigentlich kaum jemand in Frage stellen, schon aus Bequemlichkeit. Sonst müsste man ja ständig mit Begriffen wie ewig und unendlich hantieren, die sich außerhalb unserer Vorstellungskraft befinden. Wenn man aber die Tatsache einer Schöpfung in Betracht zieht, stellen sich natürlich sofort die Anschlussfragen: Wann hat die Schöpfung stattgefunden und wie lange hat sie gedauert?

Die biblische Schöpfungsgeschichte hat dafür sogar Zahlen parat: Sie fand vor ca. 10.000 Jahren statt und dauerte eine Woche (oder sieben Zeitintervalle). Man kann den Menschen im Altertum zu Gute halten, dass sie eine andere Vorstellung von Zeit hatten. Aber haben wir heute eine bessere Vorstellung von Zeit? Heute wird das Alter des Universums auf ca. 13 Milliarden Jahre geschätzt, das Alter der Erde auf ca. 4 Milliarden Jahre. Aber macht es Sinn von Jahren zu sprechen, wenn es gar keine Erde und damit Erdumlaufbahn gab? Gut, man kann Jahre in Sekunden ausdrücken und eine moderne Sekunde ist als eine bestimmte Anzahl von Schwingungen eines Caesium-Atoms definiert. Aber im Uruniversum gab es noch gar kein Caesium. Welcher Rationalität und welchem Zeitverständnis folgt eine Theorie eines inflationären Universums, dass uns die Größe des Universums nach 10^{-23} Sekunden berechnen kann?

Jedenfalls zeigen uns diese (absurden?) Überlegungen, dass der Schöpfungsgedanke nicht nur in der Religion, sondern auch in der Wissenschaft verankert ist. Dabei hat sich sozusagen unbemerkt die Annahme mit eingeschlichen, dass die Schöpfung stattgefunden hat! Erst die durch Darwin begründete Evolutionstheorie hat uns überhaupt die rationale Möglichkeit einer kontinuierlichen Schöpfung eröffnet. Daher möchte ich das Schöpfungsdogma umformulieren und das hat natürlich Konsequenzen, mit denen ich mich in den nächsten Kapiteln beschäftigen möchte.

Ich behaupte: **Die Schöpfung hat nicht stattgefunden, die Schöpfung findet statt**.

Damit bekommt aber auch Zeit eine ganz neue Anschaulichkeit. Die vielleicht originellste Beschreibung der Zeit entstammt einem anonymen Graffiti, das sinngemäß Zeit als eine

Maßnahme der Natur betrachtet, damit nicht alles gleichzeitig passiert. Zeit hat also ursächlich etwas mit Veränderung zu tun. Ich selbst habe Zeit einmal als Maß der Veränderung bezeichnet. In einem schöpferischen Universum, das durch stetiges Wachstum charakterisiert ist, sind Veränderungen unvermeidbar und Zeit ließe sich somit als Maß der Schöpfung definieren.

Diese kontinuierliche Schöpfung wäre auch eine Erklärung für den Zeitpfeil und würde natürlich Zeitreisen und ähnliche Science Fiction Ideen ausschließen. Ein schöpferisches Universum kann nicht, auch nicht zufällig oder mit verschwindend geringer Wahrscheinlichkeit, zu einem früheren Zustand zurückkehren. Zudem findet in einem kleinen Universum weniger Zeit (Veränderung) statt als in einem großen. Eine lineare Zeitvorstellung macht für das Universum also überhaupt keinen Sinn, ist aber für einzelne Epochen durchaus anwendbar. Auch einen Kreis kann man näherungsweise durch eine große Anzahl kleiner Geraden ersetzen.

2. Dogma: Reproduzierbarkeit

Ein Grundpfeiler (Dogma) wissenschaftlicher Arbeitsweise ist die Reproduzierbarkeit und die damit verbundene Nachvollziehbarkeit wissenschaftlicher Experimente. Wichtigste Argumente dafür sind die Offenbarung experimenteller Fehler sowie der Ausschluss von Scharlatanerie und bewussten Betrugsversuchen. Aber was ist der Preis dafür?

Ich behaupte: **Experimentelle Reproduzierbarkeit erzwingt den Energieerhaltungssatz, der somit keine Aussage der Natur ist, sondern die Folge eines ursprünglich vernünftigen Filters. Reproduzierbarkeit schließt Zufall aus.**

Der Energieerhaltungssatz ist ein Grundpfeiler der Physik und konnte noch nie in Experimenten widerlegt werden. Ich bin selbst Experimentalphysiker, aber alle mir bekannten Experimente beziehen sich auf (quasi-)geschlossene Systeme, man könnte die klassische Physik geradezu als die Wissenschaft geschlossener oder quasi-geschlossener Systeme bezeichnen. Als quasi-geschlossenes System bezeichne ich ein System, das mit seiner Umwelt im energetischen Gleichgewicht ist (es wird genauso viel Energie absorbiert wie abgegeben). Man kann die Erde – ohne Erderwärmung – begrenzt als quasi-geschlossenes System betrachten, da sich im Regelfall Sonneneinstrahlung und Wärmeabstrahlung ins All ungefähr die Waage halten. Allerdings müsste man die Veränderung der Biosphäre in diese Bilanz mit einbeziehen. Offene Systeme sind erst mit der Evolutionstheorie, der Informations- und Kommunikationstheorie aktuell geworden. Experimente in offenen Systemen sind praktisch unvorstellbar, da ein Grundpfeiler wissenschaftlicher Experimente die Reproduzierbarkeit ist und genau diese in einem offenen System naturbedingt nicht gegeben ist.

Allerdings hat der Energieerhaltungssatz durchaus eine Berechtigung, wenn man davon ausgeht, dass die Dauer wissenschaftlicher Entdeckungen vernachlässigbar klein ist gegenüber dem eigentlich unbekannten Alter des Universums und mögliche, durch Experimente nachweisbare, Energiezunahmen ebenfalls vernachlässigbar sind gegenüber der Gesamtenergie des Universums, noch dazu wo uns nur ein klitzekleiner Ausschnitt des Universums zugänglich ist. Der Energieerhaltungssatz ist also eine so gute Näherung, dass unsere heutige Messtechnik möglicherweise gar nicht ausreichen würde, Abweichungen festzustellen.

Originell ist dabei, dass der Energieerhaltungssatz durchaus mit dem Dogma einer abgeschlossenen Schöpfung kompatibel ist. Wenn man dieses Dogma aber kippt, dann ist auch der Energieerhaltungssatz nicht mehr zwingend, die Energie des Universums könnte also zunehmen. Eine Konsequenz dieses

Modells der Zunahme der Energie des Universums ist die von Hubble entdeckte Rotverschiebung ferner Galaxien. Je weiter man in das Universum schaut, desto weiter schaut man in die Vergangenheit, also in eine energieärmere Welt. Nach der oben erwähnten Einstein-Formel $E = h\,\nu$ entspricht aber eine geringere Energie einer geringeren Frequenz und somit einer Rotverschiebung der Wellenlängen. Infolgedessen wäre die Expansion, oder besser gesagt das Auseinanderfliegen, des Universums (Dopplereffekt als Ursache der Rotverschiebung) und die damit verbundene Hypothese des Urknalls nicht zwingend. Im Gegenteil, die Urknallhypothese wäre absurd! (PS: Da aber die gesamte moderne Hochenergiephysik auf dieser These aufbaut, wären dann Institute wie das CERN reine Geldverbrennungsorganisationen.) Fixsterne wie unsere Sonne sind dann nämlich keine Relikte des Urknalls, sondern Kooperationen der Evolution um größere Atomkerne zu produzieren, um eine höhere Stufe der Komplexität zu erzielen.

3. Dogma: Naturgesetze

Ich beziehe mich hier auf Einsteins Forderung, dass man Kosmologie nur unter der Annahme betreiben könne, dass Naturgesetze überall und jederzeit gültig sein müssen. Weil diese Forderung so vernünftig ist, wird sie ziemlich selten in Frage gestellt. Kann man aber überhaupt in einer sich ständig ändernden Welt eherne Naturgesetze erwarten?

Ich behaupte: **Universelle Naturgesetze sind für die Beschreibung einer sich entwickelnden Welt ungeeignet. Für Evolution oder Emergenz lassen sich Regeln finden, jedoch keine Gesetze. Gesetze können etwas Vorhersehbares beschreiben, aber keine neuen Entwicklungen vorhersagen.**

Natürlich hängt diese Aussage direkt mit den beiden vorangegangenen zusammen. Gesetze lassen sich dort formulieren, wo es keinen Zufall gibt, für ein geschlossenes System, das keinen unerwarteten Störungen ausgesetzt ist oder für ein System, das fehlerfrei funktioniert, also im Grunde für alles, was nicht lebt. Gesetze, Vorschriften und Dogmen sind starr, Regeln flexibel. Vernünftige Regeln sind daher alles, was wir benötigen. Die moderne Hirnforschung hat dafür einen interessanten Hinweis. Kinder lernen Regeln, kein Wissen. Sie sind in der Lage Assoziationen zwischen ganz unterschiedlichen Bereichen herzustellen und können Verknüpfungen erkennen, die vielen Älteren fremd geworden sind. Deshalb vergleicht man auch gute Forscher und Wissenschaftler gerne mit kleinen Kindern, weil sie die Welt um sich herum mit offenen Augen beobachten, nicht eingeengt durch eine spezielle Zielsetzung. Eine Entwicklungspsychologin drückte das so aus: Kinder entdecken die Welt mit einer Laterne, Erwachsene mit einem Scheinwerfer. Wir sollten uns alle bemühen, diesen Laternenblick nicht zu verlieren.

Die Welt ist vielfältig und das Gegenteil von Vielfalt ist Einfalt. Man sollte daher immer äußerst vorsichtig sein, wenn etwas angepriesen wird, wo die Vorsilbe ‚mono' enthalten ist. Es dient meistens nicht der Bewusstseins- oder Horizonterweiterung. Monokulturen mögen zwar kurzfristig eine Ertragssteigerung gewährleisten, langfristige Schäden sind aber meistens unübersehbar.

Philosophen behaupten gerne, dass irgendwie Alles mit Allem zusammenhängt. Dann sollte die Welt ihre Wurzel in einer ‚Urinformation' haben. Für die heutige Vielfalt wären dann aber Offenheit und Zufall (oder Gott) zwingend, Reproduzierbarkeit also völlig unangemessen!

6. Offene Systeme und Qualität

Wenn die vorgenannten Behauptungen zutreffen, leben wir in einem schöpferischen Universum. Dieses muss ein offenes System sein. Kreativität benötigt Freiheit, den Freiraum für Fehler und Spontanität und die Möglichkeit für Neues, also 'zufällige Zufälle' und vor allem wechselseitige Beeinflussungen, wofür ja letztlich der Begriff Wirkung oder Wechselwirkung steht. Charakteristisch für offene Systeme sind z. B. Evolution und Kommunikation. Wenn also ständige Entwicklung und ständiger Informationsaustausch typische Merkmale eines offenen Systems sind, müssen diese Prozesse auf allen Ebenen wirksam sein. Das wesentliche Element dieser Prozesse ist eine Rückkopplungsschleife, die den Ausgang eines Prozesses wieder als Eingang des nächsten Durchgangs verwendet.

Legt man unserer Welt ein Modell eines offenen Systems zugrunde, in dem die Energie anwachsen kann, dann ergibt sich daraus eine Bedingung für Systemkonstanten: *Systemkonstanten müssen energieinvariant sein.* Eine weitere Konsequenz eines offenen Systems ist die Unmöglichkeit, sich die Welt als Ganzes vorzustellen. Ein offenes System hat keine Grenzen! Logik, wie ich sie zu Beginn definiert habe, beruht auf Dualismus (Ja/Nein), der ein Attribut geschlossener Systeme ist. In einem offenen System kommt eine dritte Aussage dazu: *Nichts* entsprechend dem japanischen *Mu.* Dieses Mu kann z.B. auch die Unentscheidbarkeit in Gödels Satz sein, trifft aber auch immer dann zu, wenn etwas gar nicht definiert ist oder gar nicht definiert sein kann, wie beispielsweise die Grenzen eines offenen Systems.

Die Analogie von Wirkungsquant und Informationsbit kann uns aber eine Erklärung für ein schöpferisches Universum liefern. Kreativität lässt sich durchaus als Folge von Kommunikation, mit anderen oder mit sich selbst, erklären. Neue Ideen, neue Informationen entstehen scheinbar aus dem Nichts, nur durch kontinuierliche Wirkung oder Wechselwirkung. Ideen erzeugen Ideen oder Wirkung erzeugt Wirkung. Da aber neue Ideen, neue Informationen und neue Wirkungen auch neue Energien erfordern, entspricht eigentlich eine kontinuierliche Schöpfung einer viel natürlicheren Weltsicht als ein Energieerhaltungssatz, der sich in einer soziologischen Systemtheorie, die aus System und Umwelt besteht, immer nur auf das System bezieht. Reproduzierbarkeit im System schließt eine Anpassung des Systems an eine veränderliche Umwelt aus!

Anpassung ist aber ein wesentlicher Bestandteil der Evolution. Grundlage einer allgemeinen Evolutionstheorie ist nicht die Frage nach dem Sinn, sondern nach dem relativen Vorteil. Eine konsequente Anwendung dieser Fragestellung auch auf die Physik würde diese von einer beschreibenden in eine erklärende Ebene heben. Dieses Konzept des relativen Vorteils stand bei fast allen großen naturwissenschaftlichen Entdeckungen Pate. Damit dieses Konzept nicht verloren geht, kann man nicht beliebig komplexe mathematische Modelle mit beliebig vielen frei wählbaren Parametern, wie beim aktuellen Teilchenmodell konstruieren. Ein frei wählbarer Parameter bedeutet ja eigentlich nichts anderes als dass es _keinen_ relativen Vorteil gibt.

Ein wichtiges Element der Evolution ist der Zufall, aber Zufall ist nicht Zufall. Man kann oder muss zwei Kategorien von Zufällen unterscheiden. Ich differenziere zwischen 'zufälligem Zufall' und 'notwendigem Zufall'. Die Unterscheidung ist simpel: Für den 'notwendigen Zufall' lassen sich Wahrscheinlichkeiten angeben (Beispiel: radioaktiver Zerfall), beim 'zufälligen Zufall' nicht (Beispiel: Entdeckung Amerikas).

Beim 'notwendigen Zufall' ist zwar der Prozess bekannt, aber nicht der Zeitpunkt, beim 'zufälligen Zufall' ist beides vorher nicht bekannt und somit gibt es überhaupt keine Grundlage für eine Wahrscheinlichkeit. Das wichtige Element der Evolution ist der 'zufällige Zufall'.

Für ein offenes System mit Evolution und Kommunikation sind also drei Elemente unabdingbar:

1. Zufällige Variationen, Mutationen der ursprünglichen Art oder Idee, also kurz der (zufällige) Zufall,

2. Wettbewerb der diversen Mutationen, wobei sich Erfolg einzig durch Nicht-Aussterben einer Art oder Idee manifestiert und

3. Kooperation der Mutationen (These und Antithese), denn nur Kooperation gewährleistet das Erklimmen einer höheren Komplexitätsstufe (Synthese). Grundlagen der Kooperation sind übrigens Liebe und Vertrauen.

Im Englischen könnte man diese als die drei großen CO's bezeichnen: Contingency, Competition und Cooperation.

Eine allgemeine Evolutionstheorie benötigt also drei Ingredienzen:

Kooperation, Wettbewerb und Zufall

In einem offenen System gibt es drei Antworten:

Ja, Nein und Mu (weiß nicht)

Zukünftige Entwicklungen können nicht mit Ja/Nein beantwortet werden.

Ein dialektisches System hat drei Stufen:

These, Antithese und Synthese

Gemeinsam ist diesen Systemen eine Rückkopplung, denn nur diese öffnet das System. Die Synthese wird zur neuen These, die Kooperative wird zum neuen Wettbewerber und das Mu eröffnet neue Fragestellungen und erzwingt neue Denkweisen. Diese Rückkopplung ist die Ursache der Autopoiesis, von Emergenz, von offenen Systemen. Diese 'offenen Grenzen' sind aber auch die Grenzen der Logik (Gödel) und damit die Grenzen exakter (reproduzierbarer) Wissenschaften. Diese Rückkopplung ist aber auch die Ursache einer ständig zunehmenden Komplexität. Da dieser Komplexitätszuwachs häufig einen relativen Vorteil ausmacht, kann man auch von einem Qualitätsgewinn sprechen.

Auf der Suche nach Qualität (oder relativem Vorteil) ist Logik kein hilfreicher Ratgeber. Es beginnt schon damit, dass sich der Begriff 'Qualität' kaum definieren lässt. Bei jedem Versuch entzieht sie sich immer wieder der Klarheit. Die alten Griechen verwendeten den Begriff 'arete', der sich wohl am besten mit dem englischen bzw. französischen Ausdruck 'excellence' vergleichen lässt. Das deutsche Wort 'Vortrefflichkeit' wirkt dagegen etwas künstlich.

Schon Sokrates und Platon waren sich unschlüssig, ob sich arete lernen lässt oder letztlich angeboren ist. Für die alten Griechen war arete an ein tugendhaftes Leben geknüpft, an ein 'gut sein'. Nun, eins haben alle diese Begriffe wie arete, Qualität, excellence, Tugend oder gut gemeinsam, sie entziehen sich alle einer vortrefflichen Definition! Da aber eine klare Definition eines Begriffes eine notwendige Grundlage jeglicher Wissenschaft ist, wird sofort klar, dass eine Qualitätsaussage auf wissenschaftlicher Basis wohl sehr schwierig oder gar unmöglich scheint.

Ursache dieser Unbestimmtheiten ist letztendlich die Tatsache, dass es sich um ein offenes System handelt. In einem geschlossenen System gibt es Allwissenheit, oder besteht zumindest die Möglichkeit dafür. In einem geschlossenen System gibt es keinen Zufall, alles ist vorhersehbar, ein Zustand, der anscheinend menschlichen Wunschvorstellungen entgegen kommt. Natürlich besteht die einzige Möglichkeit Vorhersagen zu treffen darin, quasi-geschlossene Systeme zu betrachten. Wir versuchen in unseren Betrachtungen die Welt auf geschlossene Teilwelten zu reduzieren (übrigens sehr erfolgreich).

Solche geschlossenen, vorhersagbaren Teilwelten erscheinen uns paradiesisch. Die Vorstellung eines allwissenden und allmächtigen Gottes kann man demnach als Folge unserer Wunschvorstellung von Geschlossenheit interpretieren. Angst und Unsicherheit gehören zu den Grundempfindungen menschlicher Natur. Das (verlorene) Paradies ist somit gleichbedeutend mit der Sehnsucht nach Sicherheit und Geborgenheit. Es ist daher nicht verwunderlich, dass eine Gottesvorstellung immer Elemente wie Allmächtigkeit, Allwissenheit oder Güte beinhaltet. Vielleicht ist aber auch gerade in dieser Vorstellung einer geschlossenen Welt die Ursache menschlicher Überheblichkeit zu finden. In einer geschlossenen Welt können wir selbst Gott spielen, zumindest alles erklären und vorhersehen. Wenn die Schöpfung in der Vergangenheit irgendwann einmal stattgefunden hätte, wäre das eine durchaus verständliche Denkweise.

Dieser kurze geschichtliche Exkurs zeigt schon, wie alt Gedanken über offene Systeme und Qualität sind, lange bevor es Evolutions- oder Kommunikationstheorien gab. Dass trotzdem lange die Vorstellung geschlossener Systeme überwog, hat möglicherweise ihre Ursache in der menschlichen Angst vor der Unbedeutsamkeit (Monod). Erst mit der Kenntnis der biologischen Evolution ließ sich der Begriff der Qualität auch rational besser fassen.

Evolution ist geprägt durch Vermehrung, Wettbewerb und Kooperation. Seit dem Auftreten der sexuellen Vermehrung hat der Wettbewerb eine neue Qualität bekommen. Attraktivität und Schönheit entwickeln sich zu Triebfedern des Wettbewerbs, ohne dass vorhersagbar ist, was als attraktiv oder schön empfunden wird. Die Spielregeln des Wettbewerbs sind veränderlich und veränderbar. Einzige Zielsetzung ist der Erfolg des Überlebens, oder besser gesagt, des nicht Aussterbens.

Nach der Spieltheorie hat eine hohe Vermehrungsrate die besten Überlebenschancen solange die Ressourcen unerschöpflich oder zumindest ausreichend vorhanden sind. Bei begrenzten Ressourcen sind stetig steigende Quantitäten kontraproduktiv, in diesem Umfeld ist Qualität dominierend, allerdings ohne dass man den Begriff der Qualität eindeutig fassen könnte. Eine Qualität ist sicherlich die Attraktivität, die beim Balzen eine zentrale Rolle spielt. Jeder Teilnehmer des Spiels möchte oder muss den möglichen Partnern imponieren (relativer Vorteil) und dafür gibt es viele, viele Variationen. Qualität ist damit eindeutig ein Merkmal eines offenen Systems. Da Qualität nicht vorhersehbar ist, bleibt nur das Prinzip von Versuch und Irrtum. Gemäß dem englischen Slogan 'Do not put all your eggs in the same basket' ist Vielfalt wohl die beste Strategie und die Natur scheint dieser Strategie zu folgen.

Versuch und Irrtum oder Qualität entziehen sich einer streng wissenschaftlichen Methode, da sie nicht quantifizierbar sind. In einem strengen Dualismus von Wissenschaft und Religion müsste man Qualität also der Religion zuweisen. Wenn man nun aber Qualität als rational bezeichnet, dann muss auch Religion ein Teil der Rationalität sein. Man kann sagen: Rationalität besteht aus Wissenschaft und Religion, Wissenschaft beschäftigt sich mit Quantitäten, Religion mit Qualitäten. Damit ist auch die anfängliche Frage geklärt, was dieses ‚mehr' der Rationalität gegenüber der Logik ist.

Wenn man zudem die ganz einfache Ansicht teilt, dass das Ganze ‚mehr' ist als die Summe seiner Teile, dann ist genau dieses ‚mehr' mit dem Energieerhaltungssatz inkompatibel! Und genau dieses ‚mehr' muss man auch als Hinweis auf ein offenes System deuten.

Fazit: In einem offenen System gibt es Regeln, keine Dogmen, keine Formeln, keine Gesetze. **Gesetze haben einen Gültigkeitsbereich, Gesetze haben Grenzen, auch wenn wir diese anfangs noch nicht erkennen können.** Damit sind auch die Grenzen der Mathematik aufgezeigt. Ein wesentliches Merkmal der Mathematik ist der Vergleich, für etwas anderes ist Mathematik nicht ausgelegt. Um unterschiedliche Qualitäten zu vergleichen, muss man schon gewaltige und wahrscheinlich sogar unzulässige Klimmzüge machen. Etwas völlig Neues ist für die Mathematik oder Logik schlicht unverständlich. Dessen Zu- oder Einordnung in ein System obliegt dem kreativen Mathematiker, nicht der Mathematik selbst. Mathematik ist nicht göttlich, sondern ein Produkt menschlicher Gehirnzellen, also menschlichen Denkens. Warum wir aber so denken wie wir denken, ist dabei die spannende Frage. Regeln sind ein Zeichen von Variabilität, Regeln sind aber nicht beliebig. Dahinter muss ein Prinzip stehen, ein Modell.

7. Kommunikationsmodell

Kommunikation ist ein Beispiel für ein offenes System. Sie folgt dem Prinzip der Dialektik: These ⇔ Antithese ⇒ Synthese, die dann wiederum zur neuen These wird. Jede These verändert etwas, was natürlich eine Reaktion bewirken muss. Zu beachten ist, dass jede Synthese oder neue These komplexer sein kann als die alte These. Kommunikation folgt also eindeutig den Regeln eines verallgemeinerten Evolutionsprinzips.

Da Kommunikation für uns Menschen so viel einfacher zu verstehen ist als Evolution, ist es am einfachsten die Prinzipien der Evolution am Beispiel der Kommunikation zu erläutern. Beginnen wir mit einer These. Eine These wird ständig wiederholt, leicht abgewandelt, weil vielleicht falsch interpretiert und in jeder Form ständig überprüft. Aus einer These wird ein ganzer Strauß von Thesen und alles kommt auf den Prüfstand des gesunden Menschenverstands. Es entsteht ein Wettbewerb der Varianten. Erfolgreich sind die Varianten, die ihren Weg in die Köpfe vieler Menschen finden und sich dort einnisten können, die anderen verschwinden einfach wieder, sie sterben aus. Erfolg heißt einfach nichts anderes als sich zu vermehren oder nicht auszusterben. Erfolgreiche Thesen verändern aber natürlich das Denken, fordern geradezu Antithesen heraus und aus der Kooperation von These und Antithese entsteht langsam eine Synthese, eine neue These.

Kommunikation kann man durchaus als zentrales Element unseres Universums betrachten. So ließe sich beispielsweise Physik als Kommunikation zwischen Elementarteilchen betrachten, Biologie als Kommunikation von Zellen oder Soziologie als Kommunikation sozialer Gruppen. Natürlich unterscheiden sich die Kommunikationstechniken, aber das sollte nichts am Prinzip der Kommunikation ändern und somit unser prinzipielles Verständnis verbessern. Das wesentliche Element aller Kommunikation ist aber Information oder Wirkung. Nur durch Wirkung kann physikalisch etwas vermittelt werden.

Wie der Name schon sagt, beschreibt dieses Modell die Welt mit dem vorrangigen Blick auf die Kriterien der Kommunikation. Aus unserem eigenen Leben wissen wir, dass Kommunikation lebenswichtig ist, aber auch sehr vielfältig sein kann. Wenn man allein menschliche Kommunikation betrachtet, erkennt man eine interessante Entwicklung. Am Anfang stand vielleicht die Zeichensprache. Erst später entwickelte sich eine Lautsprache. Diese hatte den Vorteil, dass Kommunikation auch möglich war, wenn kein Sichtkontakt bestand. Trotz dieses Vorteils verzichten wir noch heute ungern auf Zeichensprache, denn aus der Mimik des Kommunikationspartners lassen sich interessante Erkenntnisse gewinnen. Erst in den letzten Jahrhunderten kamen mit Briefpost, Telefon und Internet weitere Kommunikationsformen hinzu, die der Erweiterung unseres Ereignishorizonts Rechnung trugen.

Für jede dieser Kommunikationsformen gibt es Regeln, denen die Kommunikationspartner folgen müssen, damit eine sinnvolle Kommunikation zustande kommen kann. Zudem haben die unterschiedlichen Kommunikationsformen unterschiedliche Reichweiten und individuelle Übertragungsgeschwindigkeiten. In einer komplexer werdenden Welt ist es daher sinnvoll ganz und gar unterschiedliche Kommunikationsformen zur Verfügung zu haben. Kommunikationsform kann man durchaus mit dem Begriff Wechselwirkung assoziieren. Den physikalischen Begriff der Wechselwirkung kann man somit als eine bestimmte Kommunikationsform betrachten.

Die Maxwell'schen Gleichungen beschreiben also eine Kommunikationsform, das Gravitationsgesetz ist Ausdruck einer anderen. Kommunikation folgt Regeln, nicht so sehr Gesetzen, die starr und unveränderlich sind. Ein Ergebnis einer fortwährenden Kommunikation sind manchmal neue Ideen, durchaus auch als Folge von Kommunikationsfehlern. Kommunikation sollte zwar möglichst fehlerfrei sein, aber in einer komplexen Welt sind Fehler unvermeidbar, zufällige Fehler!

Da ist er, der Zufall! Neue Ideen entstehen häufig durch Zufall. Neue Ideen sind aber gleichbedeutend mit neuen Informationen, auch ein Fehler ist eine Information, sogar eine sehr zufällige Information! Mehr Information kann man nach vorgehenden Überlegungen auch als mehr Wirklichkeit interpretieren. Wird das Planck'sche Wirkungsquantum als ein spezielles Informationsbit betrachtet, muss durch diesen Prozess auch neue Energie entstehen!

Zufall erzeugt Energie
(‚Zufall' lässt sich nach Belieben durch ‚Gott' ersetzen, ohne den Gedankengang zu beeinträchtigen. So wie wir nicht in einer operationellen, nachvollziehbaren Weise zwischen Information und Wirklichkeit unterscheiden können, können wir das auch nicht zwischen Zufall und Gott. Wenn Wirklichkeit die Summe der Informationen darstellt, dann lässt sich Gott vielleicht als Summe der Zufälle vorstellen.)

Ein Kommunikationsmodell der Welt hätte unerwartete Konsequenzen. Kommunikation erzeugt neue Informationen, Kreativität wird durch Kommunikation gestärkt. Wenn aber neue Informationen entstehen, dann müssen wegen h auch neue Energien entstehen und damit muss man dann die Welt als offenes System betrachten. Da ein offenes System keine Grenzen hat, kann es sich natürlich auch ausdehnen. Verantwortlich dafür wäre letztlich aber nur eine Energiedichte, oder eigentlich ja

Informationsdichte. Da ein offenes System keine Platzprobleme hat, könnte es sich sozusagen seine Lieblingsdichte wählen, aber auch beliebig ändern.
Ein offenes System und der Zufall sind auch für die Evolution unabdingbar. Zudem ist Evolution für eine dauerhafte Welt sehr hilfreich, denn Evolution schafft komplexe Strukturen und verringert damit die Entropie, die nach dem 2. Hauptsatz der Wärmelehre sonst nur ansteigen dürfte.

Am Ende von Kapitel 4 habe ich h als 'elektromagnetische Wahrnehmungsniveauuntergrenze' bezeichnet, da sich ad hoc nicht sagen lässt, ob sich diese Untergrenze auf Elektromagnetismus, auf menschliche Rationalität (Wahrnehmung) oder auf beides bezieht. Wird Gleichung 1 in der korrekten Form geschrieben: $E \geq h\nu$, dann bedeutet das nichts anderes, als das Energie elektromagnetisch nur wahrgenommen (kommuniziert) werden kann, wenn sie größer als $h\nu$ ist. Da nun aber die menschliche Wahrnehmung praktisch überwiegend auf Elektromagnetismus beruht (Licht, Radiowellen...), ist es durchaus denkbar, dass das Universum dunkle, nicht wahrnehmbare, Energie enthält.

h wäre somit eine <u>elektromagnetisch-menschliche</u> Konstante und damit natürlich auch für die menschliche Rationalität und Kommunikation mit der Umwelt, in so weit diese auf Elektromagnetismus beruht, bedeutsam. Die oben erwähnte Koinzidenz wäre somit relativiert. Rationalität und Kommunikation lassen sich nicht trennen, insofern beschreibt ein Kommunikationsmodell auch unsere Rationalität.

Eine interessante Frage ist somit, wie Gravitation kommuniziert. Der Wellencharakter des Elektromagnetismus entsteht ja durch die periodische Umwandlung von elektrischer Energie in magnetische und umgekehrt. Wunderbar! Auf Grund dieser

Kenntnis sind wir oder die Natur durchaus in der Lage, diese Kräfte abzuschirmen, sie zu manipulieren. Wir können mit Elektromagnetismus kommunizieren. Aber was ist mit Gravitation (oder starker Kernkraft)? Wir wissen eigentlich nur, dass es sie gibt oder geben muss. Dabei müsste uns Kommunikation mit der Gravitation helfen können, die Schwerkraft zu manipulieren oder gar zu überwinden. Das ist Science Fiction.

Die dunkle Energie ($E < h\,v$) zeichnet sich dadurch aus, dass sie von der Gravitation wahrgenommen wird, aber nicht groß genug ist, um elektromagnetisch eine Wirkung auszuüben, also elektromagnetisch detektiert zu werden. Man benötigt für ihre Erklärung also keine neuen unbekannten Teilchen, sondern nur unterschiedliche Kommunikationsmodelle mit unterschiedlichen Anregungsniveaus (Trigger level). Vielleicht ist dieser elektromagnetische Schwellenwert (h) eine Sicherheitsmaßnahme der Natur, damit die elektromagnetische Kommunikation nicht durch Gravitation gestört werden kann.

Das Planck'sche Wirkungsquantum repräsentiert also einen elektromagnetischen Schwellenwert, der natürlich auch unsere eigene Kommunikation, unseren Informationsaustausch, unser Verhältnis zur Umwelt tangiert soweit dieses auf Elektromagnetismus basiert. Das Planck'sche Wirkungsquant lässt sich also als eine elektromagnetische Konstante auffassen, die eine Untergrenze dafür angibt, ab der eine Wirkung eine *elektromagnetische* Information darstellt. Da man im allgemeinen Photonen als elektromagnetische Austauschteilchen auffasst, kann man Photonen demnach durchaus als *elektromagnetische* Informationsquanten bezeichnen. Die Planck-Konstante ließe sich somit auch als Phasenübergang oder Phasengrenze zweier Informationszustände oder Kommunikationsarten deuten.

8. Informationsmuster

Wie müsste ein lebendiges Universum der Informationen aussehen oder wie muss diese Welt aus Sicht der Informationen beschaffen sein? Welche Grundbedingungen müssen erfüllt sein? Versuchen wir mal ein Pflichtenheft für ein lebendiges Informationsuniversum zu erstellen.

    I.   Informationen müssen erzeugt werden, entstehen können
    II. Sie müssen kommuniziert, gesendet und empfangen werden können
    III. Sie müssen vervielfältigt, kopiert werden können
    IV. Sie müssen verglichen, bewertet, verändert, bearbeitet und verwendet werden können und
    V. Sie müssen daher gespeichert werden können.

Schauen wir uns diese fünf Punkte noch einmal der Reihe nach an und versuchen wir sie einzuordnen. Punkt **I.** ist die Grundbedingung dafür, dass es überhaupt ein Informationsuniversum geben kann. Das klammert die Frage nach dem Warum natürlich völlig aus. Für diese Frage ist unser Denkvermögen, unsere Rationalität nicht entwickelt worden. Punkt **II.** bedeutet den Sinn von Informationen. Ohne Kommunikation sind Informationen wertlos, es wäre eine Vergeudung von Ressourcen. Die Punkte **III.** und **IV.** sind die Bedingungen für eine lebendige Informationswelt, sie gewährleisten eine Entwicklung. Leben ist Veränderung.

Soweit sind diese Ausführungen im Grunde genommen trivial. Doch es lohnt sich Punkt **V.** näher zu betrachten. Die Notwendigkeit, Informationen zu speichern ist eine Folge der vorhergehenden Forderungen. Wenn man von einer Kommunikation mehr erwartet als ein Echo, wenn man Informationen vergleichen und bewerten möchte, dann ist ein Gedächtnis unabdingbar und auf lange Sicht sogar ein möglichst flexibles Gedächtnis! Wenn also ein lebendiges Informationsuniversum Informationen speichern muss und will, dann muss es dafür Möglichkeiten bereitstellen. Als Physiker kommt mir sofort die Analogie zu Wasser mit seinen drei Phasen Wasserdampf, flüssiges Wasser und Eis in den Sinn. Wäre es nicht denkbar, dass auch Informationen unterschiedliche Phasenzustände besitzen können und dass Materie letztlich nichts anderes als gefrorene, also schwer veränderliche Informationsmuster darstellt?

Von Photonen wissen (glauben) wir, dass sie keine Ruhemasse haben und da Photonen auch Informationen repräsentieren, liegt die Vermutung nahe, dass es eine Verbindung zwischen Information und Masse geben muss, dass also unter bestimmten Bedingungen Information als Masse betrachtet werden kann oder in Erscheinung tritt. Aus Sicht der Informationen macht es Sinn, wertvolle Informationsmuster langfristig zu bewahren. Wenn Informationen flüchtig sind, könnte man Photonen als semiflüchtig betrachten und Materie als nicht flüchtig. Wenn man Informationen eine Energie zuweist, dann muss sich diese Energie auch in Masse umwandeln lassen, in einem vielleicht der Photosynthese ähnlichen Prozess, der uns bis jetzt noch unbekannt ist.

Unsere Rationalität ist nichts anderes als die Bewertung oder Auswertung von Informationen. Wenn wir Modelle erdenken oder Simulationen durchführen, erzeugen wir nichts anderes als Informationsmuster, von denen einige sehr kurzlebig sind , andere sich dagegen in unseren Köpfen ‚verfestigen'. Eine Möglichkeit dafür bietet die in fast allen Religionen praktizierte Kanonisierung, Ritualisierung, die ständige Wiederholung von Dogmen, solange bis jeder Zweifel vernichtet ist. Andererseits könnten wir beispielsweise gar nicht leben ohne regelmäßig zu atmen. Folglich wurde das Atmen gewissermaßen automatisiert und im Normalfall unserem rationalen Bewusstsein entzogen.

Wenn es nun aus der Sicht einer lebenden Welt Informationsmuster gibt, die so wichtig sind, dass sie nicht verloren gehen sollten, welche Möglichkeiten gibt es dann? Ich sehe eigentlich nur zwei Alternativen, entweder einen Prozess der ständigen Wiederholung zu etablieren oder aber diese Informationsmuster ‚in Stein zu meißeln', eine sehr langlebige Form zu generieren. Materie lässt sich durchaus als sehr langlebiger Informationsspeicher betrachten.

Ein wesentliches Merkmal von Ritualen ist die Synchronisation von Handlungen und Personen. Dadurch erscheint das Ganze als eine Einheit und der Ablauf des Rituals ist sehr viel langsamer als es die Einzelteile erwarten ließen. Ähnlich lassen sich auch Photonen beispielsweise als synchronisierte Basisinformationen vorstellen und dann wäre es auch denkbar, sich Wasserstoffatome als synchronisierte Photonen vorzustellen. Wenn man Photonen als Bindeglied zwischen Basisinformationen und Materie betrachtet, bekommen Photonen natürlich eine ganz andere Bedeutung für unsere Welt als bisher angenommen.

Gerade die Quantenphysik weist uns darauf hin, dass Synchronisationen als sinnvolle Modelle betrachtet werden können. Für Synchronisationen sind die Anwendungen von Wahrscheinlichkeiten angemessen. Die Ursache solcher Synchronisationen liegt derzeit noch im Dunkeln, aber unsere Religionen könnten, wie schon erwähnt, einen Hinweis darauf geben, wie sich Informationsmuster langfristig bewahren lassen. Fast jeder erinnert sich wohl an den Abzählreim aus seiner Kindheit:

„Ene, mene, muh und raus bist du!" Er hat sich uns eingeprägt, weil wir ihn hunderte Male angewendet haben und das, obwohl er eigentlich überhaupt keinen Sinn ergibt, außer dass er den 7. trifft, 7 eine Primzahl ist und somit eine gewisse Zufälligkeit erzeugt wird. (Durch Silbentrennung lässt sich der Reim auch auf 8 oder 9 erweitern und eröffnet damit Manipulationsmöglichkeiten.)

Ein Merkmal der Evolution ist, dass immer neue Komplexitäten entstehen, die auf vorangegangenen weniger komplexen Bausteinen aufbauen. Es entstehen immer mehr Hierarchiestufen und von der obersten Hierarchiestufe betrachtet, verschwimmen irgendwann die untersten Schichten. Bei Computern können wir das nachvollziehen. Kaum ein Anwender weiß noch, was tatsächlich auf der untersten Ebene der Bits passiert. Aber es ist dokumentiert, denn schließlich haben ja wir Menschen diese Computer entwickelt. Bei unserem Universum sieht das ganz anders aus. Biologisches Leben ist erst entstanden, als die Evolution bereits weit fortgeschritten war, als es schon Wasserstoff und die schwereren Elemente gab.

Wir können heute davon ausgehen, dass die Grundlage biologischen Lebens Informationsmuster sind. Die Molekularbiologie ist dabei, die maßgeblichen Prozesse zu entschlüsseln, aber letztlich basiert alles auf dem Kopieren und Verändern von Informationsmustern. Es wäre daher doch naheliegend auch für die Entstehung von Wasserstoff einen evolutionären Prozess in Erwägung zu ziehen, an Stelle eines dumpfen Urknalls.

Wenn man die Evolution von Informationen berücksichtigt, dann sind unser Universum und die heutigen Naturgesetze überhaupt nicht unwahrscheinlich, sondern das Ergebnis dieser Evolution. Allerdings bedarf es einiger Kreativität, eine evolutionäre Entstehung von Photonen oder Wasserstoff zu erklären.

Die einzige Möglichkeit sehe ich darin, dass der Prozess der Evolution selbst so einfach sein muss, dass er auch auf den untersten Ebenen verstanden werden kann und sich dieses sehr einfache Evolutionsprinzip auf allen Ebenen wiederholt, nur eben mit immer komplexeren Teilnehmern.

Alle Teilnehmer der Evolution besitzen gewissermaßen die gleichen ‚Urgene', die den Erfolg garantieren. Diese Urgene repräsentieren nichts anderes als die Grundregeln der Evolution: Wettbewerb, Kooperation und eben die unvermeidlichen und daher zufälligen Kopierfehler. Anzumerken ist vielleicht noch, dass die Aufgabe des Wettbewerbs eher darin besteht, eine gewisse Fitness zu erzielen, denn unbedingt gewinnen zu müssen. Diese Urgene sind in der gesamten Evolution bis zu uns Menschen erhalten geblieben. Diese Urgene sind nicht zu verwechseln mit den Urtrieben, die wir für unser Überleben benötigen, obwohl sich diese Urtriebe natürlich aus den Urgenen ableiten lassen, aber schon sehr komplexe Lebensformen voraussetzen.

Während Wettbewerb und Kooperation klar definierte Prozesse sind, steht der Zufall etwas abseits, denn er ist kein eigenständiger Prozess, sondern die Folge davon, dass Wettbewerb und Kooperation nicht perfekt sind, mit winzig kleinen Fehlern behaftet sind. Aber ohne diese Fehler wäre Leben unmöglich! Wenn Leben auf Fehlern beruht und vielleicht nur einer von einer Million Fehlern zu einer signifikanten Verbesserung beiträgt, dann kann man erkennen, wie unmöglich eine rationale Vorhersage evolutionärer Prozesse ist und wie schwierig sich sogar das Nachrationalisieren vergangener Prozesse gestaltet.

Ich bin mir eines Schwachpunktes meiner Argumentation sehr wohl bewusst: Ich setze die Allgemeingültigkeit bestimmter Regeln der Evolution voraus, ähnlich wie Einstein die Allgemeingültigkeit der Naturgesetze immer und überall für eine Kosmologie voraussetzte. Regeln sind aber sehr viel flexibler als Gesetze und gestatten einen weitaus größeren Gedankenspielraum als feste Gesetze. Insbesondere die Forderung der Allgemeingültigkeit von Gesetzen, die aber tatsächlich einen ganz begrenzten Gültigkeitsbereich haben, führte zu den oft genialen Fehleinschätzungen ansonsten herausragender Wissenschaftler. In wie weit das auch auf Regeln zutrifft, mag ich nicht beurteilen, aber wenn sich die Welt auf zwei oder drei Grundregeln reduzieren ließe, entspräche das einer Einfachheit, die kaum zu übertreffen wäre.

Ohne feste Gesetze lässt sich natürlich auch das Alter des Universums nicht genau bestimmen, im Gegenteil. Ein bestimmter Wert ist das Ergebnis einer Gleichung, Regeln kennen aber keine Gleichungen. Nur eins lässt sich mit Sicherheit sagen, ein evolutionäres Universum wäre um vieles, um sehr vieles älter als es ein Urknallmodell voraussagt. Vermutlich würde sich ein evolutionäres Universum gemäß einer e-Funktion entwickeln und jede Tangente, die man an irgendeinem Punkt dieser Kurve anlegt, trifft niemals den tatsächlichen Ursprung, sondern immer einen späteren Zeitpunkt.

9. Psychologische Aspekte

Auf Grund der Begrenztheit unseres Gehirns sind wir gezwungen, Vereinfachungen vorzunehmen, auch um ein besseres Verständnis zu erzielen. Vereinfachungen ziehen natürlich immer Beschränkungen nach sich und man muss daher ständig auf der Hut sein, dass diese Vereinfachungen nicht das Gesamtbild entstellen. Es macht daher Sinn, die Folgen von Grundannahmen, Axiomen oder Dogmen genau zu untersuchen. Jede Beschränkung legt gewissermaßen einen Filter über die ursprünglichen Ergebnisse, blendet also einen Teil der Wirklichkeit aus. Kritisch wird die Situation dann, wenn dieser Filter absolut vernünftig erscheint und daher nicht einmal mehr als Filter wahrgenommen wird. Wir ziehen dann rational Schlüsse, die nur einem Bruchteil der Wirklichkeit entsprechen.

Als Beispiele habe ich die Vorstellung einer abgeschlossenen Schöpfung, die Beschränkung auf reproduzierbare Ergebnisse und die Forderung nach universellen Naturgesetzen und Naturkonstanten ausgeführt. Alle diese Forderungen schließen ein 'lebendiges' Universum von vorne herein aus. Wie ist es nun aber zu diesen fragwürdigen Dogmen gekommen?

Der amerikanische Psychologe Edward Thorndike formulierte ein Gesetz der Wirkung. Danach werden Reaktionen, die zu befriedigenden Konsequenzen führen, verstärkt und mit größerer Wahrscheinlichkeit wiederholt. B. F. Skinner formulierte Thorndikes Gesetz der Wirkung in ein Verstärkungsprinzip um und erhob es zum wichtigsten Mechanismus für die Erklärung und Steuerung menschlichen Verhaltens. Die Ursache der Entstehung religiöser oder wissenschaftlicher Dogmen findet sich also in der Psychologie.

In einem Interview mit der Entwicklungspsychologin Alison Gopnik, die sich bei ihren Forschungen vor allem mit der Entwicklung von Babys und Kleinkindern beschäftigt, las ich einige einfache Erklärungen, die zwar aus der Hirnforschung inzwischen bekannt sind, aber meist komplexer beschrieben werden:

„Biologen erkennen zunehmend, dass man einen Organismus nur verstehen kann, wenn man die Phasen seiner Entwicklung kennt. Ich glaube für unseren Geist gilt dasselbe. Wie viel Kenntnis von der Welt ist uns angeboren? Was mussten wir erst lernen? Woher kommt unser moralisches Empfinden? Solche Fragen lassen sich nur verstehen, wenn wir unsere Kindheit verstehen.

Inzwischen ist klar, dass Babys wahre Meister darin sind, Zusammenhänge zu erschließen. Schon Einjährige betreiben so etwas wie eine unbewusste Statistik: Sie können häufige von seltenen Ereignissen unterscheiden und daraus Regeln ableiten. Und Dreijährige haben bereits eine Vorstellung von Ursache und Wirkung. Die gewinnen sie, indem sie mit allem, was sie in die Finger bekommen, herumspielen."

Demnach wäre kein Wissen angeboren – wohl aber wären es Regeln, wie wir Erfahrungen ordnen.

„Im Grunde erforschen Kinder die Welt, wie Wissenschaftler es tun: Ihre Theorien verändern sich ständig. Tatsächlich ist das Spiel der Kinder höchst rational. Wir wissen heute, dass ein wenig Unordnung oft zu besseren Lernergebnissen führt als planvolles Vorgehen. Wildes Herumprobieren bewährt sich umso besser, je weniger man über ein Problem weiß. Kinder und Wissenschaftler werden dadurch schneller klug als mit durchdachten Experimenten. Darum ähnelt der Verstand in den ersten Jahren einer Laterne – er beleuchtet alles, was ihm begegnet. Sein einziges Ziel ist es, möglichst viel

über die Welt herauszufinden. Später dagegen, wenn wir Ergebnisse bringen müssen, ist die Aufmerksamkeit wie ein Scheinwerfer gebündelt.

Die meisten Erwachsenen müssen sich sehr anstrengen, das Laternenbewusstsein zu erreichen. Bestimmte Formen der Meditation können es fördern. Reisen, auf denen wir ziellos Entdeckungen machen, auch Sabbatjahre. Kinder dagegen befinden sich ganz natürlich in diesem Zustand.

Ich habe ein paarmal in Forschungszentren vor hochrangigen Physikern geredet. Ich erklärte ihnen, dass **Wissenschaftler große Kinder sind.**"

Ich habe mich immer als großes Kind gefühlt, immer nach Regeln gesucht, und nur Regeln akzeptiert, die ich auch verstanden habe. Ich habe deshalb aber auch Regeln immer als veränderliche Modelle betrachtet und nicht als Dogmen, die unabänderlich sind. Schon deshalb, weil mir bis heute noch die Welt wie ein riesengroßes Rätsel erscheint, ich aber immer noch hochmotiviert bin, wenigstens einen Teil dieses Rätsels zu lösen. Und da ist es oftmals sehr hilfreich, Altgedientes auch mal über Bord zu werfen!

Theoretische Physiker waren Jahrzehnte darauf fokussiert, eine „Weltformel" zu finden. Sie hatten ein Ziel, dass sie mit einem Scheinwerfer, mit einem Laserstrahl suchten. Je mehr sie sich auf dieses Ziel konzentrierten, desto schmaler wurde ihr Blickwinkel und umso mehr wurde die Vielfalt des Denkens vernachlässigt. Einstein sagte einmal, dass er keine Angst davor hätte, dass Computer einmal so denken können wie Menschen. Vielmehr sei er darüber besorgt, dass Menschen einmal so denken wie Computer.

Betrachtet man nun die heutige Physik mit ihren Großprojekten und Computersimulationen, dann sieht man, dass Einsteins Befürchtungen nicht unbegründet sind. Für einen Computer stellen heute 150 frei wählbare Parameter überhaupt keine Hürde dar, für mich schon. Ein Computer kann sich nicht die Frage stellen, warum er so funktioniert, wie er funktioniert. Ich schon. Sind nicht Computer die Scheinwerfer, die Taschenlampen unserer Zeit? Sie sind fokussiert auf ein Ergebnis, auf den direkten Weg, aber blind für das Naheliegende oder Umwege. Sie helfen uns bei Berechnungen, aber nicht beim Denken. Computer können berechnen, aber keine Fragen stellen. Leider geht auch uns Menschen die Kunst Fragen zu stellen im Alter langsam verloren. Kinder können uns dagegen mit Fragen regelrecht bombardieren. Antworten ersinnen Menschen, Computer können diese speichern.

Stellen wir am CERN und den anderen Hochenergielaboratorien eigentlich die richtigen Fragen? Können wir mit elektromagnetischen Detektoren etwas detektieren, was unterhalb deren Wahrnehmungsschwelle liegt? Beruht nicht das ganze Gebäude der Hochenergiephysik auf der Urknalltheorie und damit dem Energieerhaltungssatz? Ist es sinnvoll zu glauben, dass zum Zeitpunkt Null die Energie unseres gesamten Universums in einem einzigen Punkt konzentriert war? Das vielzitierte Inflationsmodell unseres Universums lässt sich inzwischen auf Computern simulieren und im Grunde genommen nur auf Computern. Sollte das nicht zu denken geben?

Die Interpretation der Planck-Konstante h als Informationsquant ist für das Verständnis der Heisenbergschen Unschärferelation sehr hilfreich, sollte aber nur als Näherung betrachtet werden, insofern als h eine rein elektromagnetische Konstante ist, unsere Wahrnehmung zwar auch eindeutig elektromagnetisch geprägt ist, aber wohl auch andere Komponenten enthält. Wenn man davon ausgeht, dass die Planck-Konstante dasjenige Maß an Wirkung repräsentiert, damit eine elektromagnetische Information zustande kommt, dann liegen die Geheimnisse dieser Welt eher in den Bereichen niedrigster Energie denn im Hochenergiebereich. Leider fehlt uns dafür bisher die Sensorik und das „Feingefühl".

Nach den obigen Ausführungen muss man Rationalität als ein komplementäres System aus Wissenschaft (Wissen) und Religion (Glauben) betrachten. Dabei beschäftigt sich der wissenschaftliche Teil mit Quantitäten, der religiöse Teil mit Qualitäten. Beide sind komplementär, aber für ein Verständnis des Ganzen sind beide Zweige unabdingbar. Während sich Quantitäten immer in mehr oder weniger ausdrücken lassen, kann man Qualitäten nur bedingt in besser oder schlechter einordnen. Und genau an diesem Punkt endet eine wissenschaftliche Betrachtungsweise, z.B. was ist besser – ein Bett oder drei Schweine?

Artübergreifende Qualitätsvergleiche sind sinnlos und werden es immer sein und dennoch leben wir in unserer geldorientierten Gesellschaft mit dieser relativierenden Macht des Geldes. Was ursprünglich als reine Tauschhilfe gedacht war, hat sich verselbständigt und da Geld selbst keine Qualität hat, bleibt als Maß nur noch Quantität. Dadurch, dass Wissenschaft Religion oder Philosophie mehr und mehr verdrängt hat, haben wir auch mehr und mehr das Gefühl für Qualität verloren oder als unwissenschaftlich vernachlässigt. Geld versetzt uns scheinbar in die Lage, Unvergleichliches zu vergleichen – ein Trugschluss, der auch vor der Wissenschaft selbst nicht halt macht! Wie sonst kann man den Versuch erklären, die relative Stärke von Elektromagnetismus und Gravitation zu ermitteln, noch dazu elektromagnetisch?

Die Koinzidenz von Planck'schem Wirkungsquantum und dem Informationsbit lässt darauf schließen, dass unsere wissenschaftliche Rationalität elektromagnetisch geprägt ist und in erster Näherung andere Einflüsse vernachlässigbar sind. Die durch das Informationsbit (Planck-Konstante) bedingte elektromagnetische Wahrnehmungsschwelle unserer Rationalität hat zum einen Heisenbergs Unbestimmtheit zur Folge, erfordert andererseits aber auch frequenzabhängige minimale Energieniveaus für eine elektromagnetische Kommunikation (folgerichtige Einstein-Gleichung). Da man das in Anlehnung an Heisenberg als Energieunschärfe bezeichnen muss, wird dadurch dem Energieerhaltungssatz die Grundlage entzogen.

Die Quantenverschränkung oder auch Superposition von Quanten lässt darauf schließen, dass es möglicherweise sehr viel kleinere Quanten geben könnte, die von uns aber nicht wissenschaftlich erfasst werden können. Es gibt außer elektromagnetischen Quanten noch ganz andere Quanten oder Zusammenhänge, die unserer bewussten Rationalität und bewussten Wahrnehmung (noch) nicht zugänglich sind.

Für diese Option bietet sich durchaus die Gravitation an, die sehr viel kleiner als die elektromagnetische Wechselwirkung ist. Möglicherweise könnte ein besseres (oder überhaupt ein) Verständnis der Gravitation helfen. Aber ich glaube, jeder Versuch, die Gravitation elektromagnetisch zu erklären, ist zum Scheitern verurteilt. Ich vermute, dass das Prinzip der Gravitation ein ganz anderes ist als das des Elektromagnetismus. Daher bezweifle ich auch die in Lehrbüchern gerne zitierte Herleitung der relativen Stärken dieser beiden Kräfte aus der Feinstrukturkonstante, die eigentlich ein reines Produkt des Elektromagnetismus ist. Das stellt aber nicht die Tatsache in Frage, dass uns Gravitation tatsächlich sehr viel kleiner erscheint, aber was bedeutet kleiner bei völlig verschiedenen Qualitäten?

Monetär ausgedrückt ist das Informationsbit die kleinste Einheit (1 Cent) einer Währung, die Information heißt. Wenn man Dinge kaufen möchte, die weniger als 1 Cent wert sind, muss man halt den Batzen nehmen, der einem Cent entspricht, in Lire hätte man sicher kleinere Mengen kaufen können. Auf dem Informationsmarkt gibt es derzeit aber nur eine allgemein akzeptierte Währung, die elektromagnetische, und solange wir nur diese eine Währung wirklich kennen, müssen wir damit zufrieden sein, was uns diese Währung anbietet.

Bei den psychologischen Aspekten darf natürlich das Bewusstsein nicht fehlen. Psychologen unterscheiden gerne zwischen Bewusstsein und Unterbewusstsein. Als Nicht-Psychologe würde ich lieber von aktivem und passivem Bewusstsein sprechen, in Anlehnung an die Terminologie, die wir für unseren Wortschatz verwenden. Ursache für das aktive Bewusstsein ist sicherlich die Tatsache, dass wir nur einen begrenzten ‚Arbeitsspeicher' haben. Der Grund dafür kann eigentlich nur die Verbesserung unserer Reaktionsgeschwindigkeit sein. Wenn wir bei jeder Entscheidung unser gesamtes Wissen abfragen müssten, wären wir wohl nicht überlebensfähig. Wir wissen, dass unser aktives Bewusstsein durch unsere Stimmung, durch unsere Gefühle, durch unser Umfeld beeinflusst wird. Wir sind in der Lage, unser aktives Bewusstsein zu verändern und den Gegebenheiten anzupassen, es genügt also allen Bedingungen, die ein System erfüllen muss. Die Grenze zwischen aktivem und passivem Bewusstsein ist demnach variabel und gar nicht mehr rational zu erfassen, insbesondere, wenn für den ‚Inhalt' des aktiven Bewusstseins auch unsere Gefühle verantwortlich sind. Damit bekommen unsere Gefühle, unsere Emotionen auch eine enorme Bedeutung für unser Denken, die der unserer Sinne zumindest ebenbürtig ist. Es ist also nicht abwegig, von einem 7. Sinn zu sprechen, was das Verständnis unseres Bewusstseins und eine wissenschaftliche Erklärung nicht erleichtert.

10. Systemtheoretische Aspekte

Eine Systemtheorie in der Soziologie unterscheidet ganz allgemein zwischen System und Umwelt. Bei einem Kommunikationsmodell müsste man in diesem Fall von drei unterschiedlichen Kommunikationsformen ausgehen, die nur bedingt untereinander kompatibel sein sollten.
1. Systeminterne Kommunikation mit starker Bindung und geringer Reichweite
2. Umweltrelevante Kommunikation mit schwacher WW und sehr großer Reichweite (zu beachten ist, dass das eigene System für andere Systeme Umwelt ist)
3. Kommunikation zwischen System und Umwelt. Diese ist sehr kritisch, da eine zu starke Kopplung die Flexibilität des Systems in seiner Umwelt gefährdet und eine zu schwache Kopplung die Anpassungsfähigkeit des Systems nicht mehr gewährleistet. Entscheidend ist, dass diese Kommunikation nicht oder nur minimal von den ersten beiden beeinflusst wird. Dazu wäre es natürlich überaus hilfreich, wenn sich die Kommunikationskonzepte fundamental unterscheiden würden, (unterschiedliche Qualitäten hätten).

Diese Systemtheorie ist zunächst ganz formal und aus Sicht des Systems sind eigentlich nur die systeminterne Kommunikation und die Kommunikation zwischen System und Umwelt relevant, da die Umwelt gar nicht genau definiert ist. Erst wenn man die Umwelt als Ganzes und ein System als Teil des Ganzen betrachten würde, bekommt auch die umweltrelevante Kommunikation eine Bedeutung, aber auch eher formal, wenn man keine Aussagen über das Ganze machen kann. Umgekehrt ließen sich aber möglicherweise aus der Kenntnis einer umweltrelevanten Kommunikation Schlüsse auf das Ganze ziehen. Diese formale Systemtheorie ist zunächst natürlich beliebig und willkürlich, denn ein System kann beliebig definiert oder angenommen werden, so wie man ein Ganzes willkürlich aufteilen kann. Aber in der Wirklichkeit gibt es Unterteilungen, die mehr Sinn machen, die vernünftiger sind als andere. Andersherum kann auch eine spezielle Kommunikation auf ein System hinweisen. Man kann also dann von einem eigenständigen System ausgehen, wenn es eine ganz eigene, einmalige systeminterne Kommunikation aufweist. 'Vernünftige' Systeme sind also nicht beliebig, sondern müssen schon bestimmten Kriterien genügen. Wenn man Kommunikation als Informationsaustausch betrachtet, könnte man zunächst einmal ganz formal untersuchen, welche unterschiedlichen Formen des Informationsaustauschs wir uns vorstellen können. Anhand dessen ließen sich dann entsprechende Systeme festlegen. Aber ist es nicht auch möglich, dass eine System-Umwelt-Kommunikation eines Systems auch gleichzeitig als systeminterne Kommunikation eines erweiterten Systems fungieren kann? Nun ja, auch Formalismus hat seine Grenzen und letztlich hängt wohl alles mit allem zusammen. Dennoch lässt dieses Informationskonzept durchaus interessante Gedankenexperimente zu.

In der Physik geht man heute nach allgemeiner Lehrmeinung von drei unterschiedlichen Kräften oder Wechselwirkungen oder Kommunikationsformen aus. Die starke Kernkraft hat eine sehr geringe Reichweite und entspräche dann der systeminternen Kommunikation, die Gravitation ließe sich als Kommunikation des Ganzen vorstellen. Aus Sicht einer formalen Systemtheorie betrachtet die Physik also den Atomkern als System. Die elektromagnetische Wechselwirkung beschreibt dann die Kommunikation zwischen Atomkern und Umwelt. Damit wird sofort klar, warum wir die EMWW so gut verstehen, denn wir sind für einen Atomkern ja auch Umwelt. Die starke Kernkraft entzieht sich unserem direkten Zugriff und die Gravitation verstehen wir nur sehr wenig, da sie eigentlich im Hintergrund abläuft und nicht mit der EMWW interferieren sollte. Andererseits können wir bei dieser Interpretation tatsächlich nur durch die Gravitation Aussagen über ein mögliches und sich änderndes Ganzes erhalten. Die Gravitation ist möglicherweise der Schlüssel zum Ganzen.

Wenn nun aber meine Vermutung stimmt, dass das Wirkungsquantum h die Aufgabe hat, die elektromagnetische Kommunikation gegen ein Umweltrauschen (Gravitation) abzuschirmen, dann muss jeder Versuch einer vereinheitlichten Theorie auf der Basis von h scheitern (Beispiel Stringtheorie). Grundlage müsste ein kleineres Informationsquant sein, etwa ein ‚Graviton'. Das Problem liegt doch wieder in einer unzulässigen Verallgemeinerung, nämlich spezifisch elektromagnetische Konstanten wie das Wirkungsquantum h oder die Lichtgeschwindigkeit c in den Rang universeller Naturkonstanten zu erheben.

Man könnte somit die Quantenphysik als eine Art Systemtheorie der Atomkerne betrachten. In Analogie zu dieser Vorstellung ließe sich vielleicht Chemie als Systemtheorie der Moleküle und Molekularbiologie als Systemtheorie von Zellen betrachten. Wie unabhängig diese Systemtheorien sind, hängt demnach von der Einzigartigkeit der systeminternen Kommunikation ab. Betrachtet man den Menschen als System, ergibt sich die Soziologie, Sterne sind demnach die Bausteine der Astronomie und Galaxien der Kosmologie. Der Schlüssel ist aber in allen Fällen der Informationsaustausch. Kennen wir ihn wirklich und ist er tatsächlich einzigartig? Wann ist ein System vernünftig?

Informationsaustausch können wir nur mit den Mitteln unseres Alltagsrepertoires beschreiben. Auch wenn das möglicherweise unzulässig sein sollte, haben wir aber tatsächlich gar keine andere Wahl. Faszinierend ist, wie viele Ähnlichkeiten sich dabei ergeben. In unserem Alltag kommunizieren wir mit Worten, das elektromagnetische Kommunikationsmittel dagegen sind Photonen. Beiden ist gemein, dass sie keine Ruhemasse haben und im Allgemeinen unterschiedlich interpretiert werden können. Die Bedeutung eines Wortes hat eine gewisse Wahrscheinlichkeit, die dann aber im Zusammenhang plötzlich eindeutig wird. Man denke nur an das Wort ‚schuldig', das so viele Bedeutungen haben kann, so viele Bezüge, meist ohne Implikationen, das aber von einem Richter gesprochen durchaus dramatische Folgen haben kann.

Auch Kommunikation mit unserer Lautsprache ist nur möglich, wenn wir einen gewissen Schwellenwert akzeptieren. Nicht jeder Laut stellt auch eine Information dar. Im Gegenteil müssen wir häufig unliebsame Nebengeräusche herausfiltern, um an die eigentliche Information zu kommen. Zudem betrachten wir Worte als Basis unserer Kommunikation und Worte lassen sich durchaus als ‚Lautbündel' auffassen.

Die wirklichen Geheimnisse unserer Welt sind demnach im Kleinsten verborgen, sind also für uns tatsächlich unsichtbar (im elektromagnetischen Sinne) und damit bekommt plötzlich die Aussage des kleinen Prinzen von Antoine de Saint-Exupéry eine ganz neue Bedeutung:

Man sieht nur mit dem Herzen gut

Nur, um welche Kommunikationsform handelt es sich dabei? Kann man sie mit unserem Unterbewusstsein vergleichen, auf das wir keinen Zugriff haben? Oder mit unserem Gefühl, das vorhanden, aber kaum fassbar ist? Oder ist es etwas ganz anderes, was sich unserer Wahrnehmung bisher total entzieht?

Allein diese Frage symbolisiert die enge Verknüpfung von Wissenschaft und Religion. Was weiß ich wirklich und was kann ich überhaupt wissen? Das Christentum, oder zumindest die katholische Glaubenslehre, basiert auf der Annahme, dass Jesus Gottes Sohn sei und der daraus abgeleiteten jungfräulichen Geburt. Dem Islam liegt zugrunde, dass der Mensch Mohammed direkt mit Allah gesprochen hat. Nein, nicht ganz, Allah hat mit Mohammed gesprochen. Obwohl in beiden Fällen die Grundannahmen äußerst fragwürdig erscheinen, haben sie doch durchaus respektable Ergebnisse gezeitigt, die das Zusammenleben der Menschen regeln und ihnen auch die Hoffnung auf eine bessere Zukunft in Aussicht stellen. Erstaunlich ist dabei, dass die Ergebnisse ziemlich ähnlich und Unterschiede eher zweitrangig sind.

Ist es in der Wissenschaft nicht ähnlich? Physik basiert unter anderem auf dem Energieerhaltungssatz und hat beeindruckende Ergebnisse hervorgebracht. Aber hilft das beim Verständnis von Emergenz, Evolution und Autopoiesis? Ich sehe zwei Möglichkeiten: die eine ist, den Energieerhaltungssatz zu kippen und die andere ist, die Physik als den Teil der Wissenschaft zu definieren, wo und wenn der Energieerhaltungssatz gilt. Diese zweite Option macht durchaus Sinn, denn der Energieerhaltungssatz ist an Reproduzierbarkeit gekoppelt und ich bin mir nicht sicher, ob unsere Welt als Ganzes reproduzierbar ist, egal, ob man sie als zufällig oder Gottes Wille betrachtet.

So wie Islam und Christentum Teilaspekte einer übergeordneten Religion darstellen, so könnte man auch Physik als

Teil einer übergeordneten Erkenntnislehre (Philosophie) auffassen. Das ist zwar jetzt schon der Fall, Physik ist eine Naturwissenschaft, aber nichtsdestoweniger sind es zumeist Physiker oder ausgebildete Physiker, die versuchen, die Welt zu erklären, und natürlich nach den (reproduzierbaren) Gesetzen der Physik.

Physik ist rational, Physik ist vernünftig, aber wie weit lässt sich diese Vernunft tatsächlich handhaben? Besonders augenscheinlich wird diese Frage bei der Betrachtung des Zeitbegriffs. Die Physik kennt nur eine Zeit, nur einen Zeitbegriff, der immer und überall angewendet wird. Dieser Zeitbegriff ist gar nicht so verschieden von der absoluten Zeit Newtons. Einstein hat das später etwas relativiert, aber im Prinzip ist die Sekunde an den Tag gekoppelt, obwohl sich die Erdrotation im Laufe der Jahrhunderte verlangsamt.

Die Soziologie und die Geisteswissenschaften gehen dagegen davon aus, dass unser Zeitbegriff vor allem von gesellschaftlichen Phänomenen abhängig ist. Zeit ist ein Konstrukt des Menschen, sowohl rational als auch emotional, denn wir haben keinen angeborenen Sinn für Zeit. Unsere sechs Sinne umfassen nur Sehen, Hören (Fernsinne), Riechen, Schmecken, Tasten und den Gleichgewichtssinn. Unser Biorythmus passt sich dem natürlichen Tagesablauf an, ist aber ohne Korrektur etwas kürzer, um eine ständige Anpassung zu erzwingen und zu gewährleisten. Die Natur hat scheinbar bei unserem Zeitempfinden absichtlich kein Gleichheitszeichen einprogrammiert, um eine gewisse Flexibilität zu erhalten! Aus Sicht einer Systemtheorie ist das verständlich, denn Systeme müssen flexibel genug sein, sich ihrer Umwelt anzupassen. Der Mensch ist also darauf vorbereitet, dass sich der Zeitbegriff seiner Umwelt ändern kann – widerspricht das nicht einer immer und überall geltenden Chronometer-Zeit eines Metronoms?

11. Rationalität und Emotion

Als Physiker versucht man umgangssprachlich ‚die Welt zu erklären', ein Versuch der über die Jahrhunderte zu durchaus ansehnlichen Erfolgen geführt hat. Nicht umsonst haben Physiker daher den Ruf, arrogant zu sein. Und dieser Vorwurf ist durchaus nicht unbegründet. Nun beruht aber Arroganz zumeist auf unvollständigem Wissen, besser gesagt ist unvollständiges Wissen eine notwendige Bedingung für Arroganz, und das aus zweierlei Gründen: Jemand, der alles weiß, hätte keinerlei Grund zur Arroganz und jemandem, der wirklich alles weiß, würde niemand auch nur näherungsweise Arroganz unterstellen.

Was macht nun aber ein Physiker eigentlich? Im Grunde genommen ist es ganz einfach: Ein Physiker beobachtet einen Prozess, definiert einen Zustand als Anfangszustand und einen anderen als Endzustand. Er erdenkt nun rational ein Modell dieses Prozesses, das dessen Verlauf möglichst genau und einfach beschreibt. Es gilt als ungeschriebenes Gesetz, dass man bei zwei gleichwertigen Beschreibungsformen die einfachere Variante wählt. (Ein Modell ist selbst eine Vereinfachung der Wirklichkeit.) Wenn das Modell nicht das gewünschte Ergebnis zeitigt, muss es verbessert oder verfeinert werden. Als Maßstab gelten immer der originäre Prozess und die erforderliche Genauigkeit der Beschreibung. Um verlässliche Physik betreiben zu können, müssen zum einen der Anfangs- und Endzustand eines Prozesses bekannt sein und dieser Prozess muss reproduzierbar sein.

Natürlich erscheint diese Tatsache auf den ersten Blick trivial, aber bei genauerem Hinsehen erkennt man, dass die Rationalität eines Physikers zwei ganz klare Grenzen erkennen lässt: Zum einen ist kein Platz für Zufall, denn der Zufall ist nie reproduzierbar, gewissermaßen per Definition, und zum anderen ist die Rationalität rückwärts gerichtet, man kann sie daher getrost als ‚Nachrationalisieren' bezeichnen, denn die Güte der Rationalität ist gleichbedeutend mit der Übereinstimmung der Überlegungen mit dem ‚bekannten Endergebnis'. Nichts anderes als die Binsen- oder Stammtischweisheit: „Nachher weiß man immer alles besser".

Die Macht der Physik beschränkt sich also auf bekannte reproduzierbare Prozesse! Diese Kategorie macht durchaus die Mehrheit der uns tagtäglich begegnenden Ereignisse aus, aber ‚Gott sei Dank' nicht alle. Wir können also nur Prozesse ‚vorrationalisieren', die sich wiederholen und die wir schon im Vorfeld ‚nachrationalisiert' haben. Wenn man sich dieser Tatsache immer bewusst ist, gerät man eigentlich nie in die Versuchung, sich und seine Fähigkeiten zu überschätzen.

Genau genommen ist dadurch der Rahmen wissenschaftlicher Physik abgesteckt, dennoch eröffnen diese Erkenntnisse den Raum für Spekulationen und Vermutungen über unseren Kosmos, unser Universum. Man darf diese aber auf keinen Fall als einen Teil der Physik betrachten, denn dazu fehlen die Grundvoraussetzungen. Man kann den Kosmos weder als ein für uns reproduzierbares Experiment betrachten, noch kann man genaue Angaben über einen Anfangs- und Endzustand machen. Gedanken über den Kosmos gehören in den Bereich der Philosophie, soweit man diese als Mutter aller Natur- und Geisteswissenschaften betrachtet, da nur alle gemeinsam zu weiteren Erkenntnissen führen können, und der Religion.

Physiker haben allein auf Basis des Energieerhaltungssatzes, der Einstein-Gleichung $E = mc^2$ und den Folgerungen des Doppler-Effekts ein Urknallmodell entwickelt, das dem Universum ein Alter von 13,7 Milliarden zuweist und berechnet, dass die Wahrscheinlichkeit dafür, dass aus diesem Urknall ein Universum mit dem Feinschliff und den Naturkonstanten wie dem unsrigen entsteht, bei 1 : 10^{59} liegt. Bei der Verlässlichkeit dieses Zahlenwertes sollte man natürlich Vorsicht walten lassen, da die Herleitung durchaus vagen Vorstellungen und Annahmen entspringt. Sicher ist aber, dass diese Wahrscheinlichkeit so gering ist, dass dagegen der Glaube an eine jungfräuliche Geburt geradezu eine der leichtesten Übungen darstellt!

Wenn man aber alle Besonderheiten zusammenrechnet, die für unsere eigene Existenz notwendig sind, angefangen bei der Größe einzelner Naturkonstanten bis hin zur Sonderstellung des Kohlenstoffs im Periodensystem der Elemente, dann wird in jedem Fall klar, dass die Bedingungen eines solchen Universums extrem unwahrscheinlich sind. Selbst wenn die Wahrscheinlichkeit 10^{30} mal größer wäre, käme mir immer noch das kalte Grausen. Anscheinend waren die Verfechter der Urknalltheorie so verliebt in ihre Computersimulationen – oder sollte ich besser sagen Computerspielchen -, dass sie einen Prozess wie die Evolution überhaupt nicht in Erwägung zogen. Oder lag es einfach daran, dass die Zeit für die Befreiung von dem Dogma der Reproduzierbarkeit noch nicht reif war?

In der statistischen Physik rechnet man natürlich mit Wahrscheinlichkeiten, aber eben mit Wahrscheinlichkeiten und nicht mit Unwahrscheinlichkeiten! Aufgabe der Physik ist es ja, wahrscheinliche Szenarien zu entwickeln, abgesehen von der Quantenphysik, wo auf Grund der riesigen Menge von Ereignissen auch unwahrscheinliche Ereignisse messbar werden. Daraus resultiert vermutlich die Multiversen-Theorie. Wenn es nur genügend Universen gäbe, dann wäre auch eins wie das unsere dabei. Aber es gibt eine andere Lösung. Das Fachgebiet für das Unwahrscheinliche ist ganz sicher nicht die Physik, sondern eher die Evolutionstheorie. Einer der fähigsten Autoren auf diesem Gebiet ist Richard Dawkins, dessen Büchern ich eine Unzahl von Anregungen verdanke, aber ein Buchtitel bringt seine Gedanken auf den Punkt: „Climbing Mount Improbable".

Streng genommen stellt ein evolutionäres Weltbild Reproduzierbarkeit eindeutig in Frage. Ein evolutionäres System entwickelt sich vom Einfachen zum Komplexen. Genau genommen sollte die Komplexität von Moment zu Moment zunehmen und somit eine exakte Reproduzierbarkeit unmöglich machen. Vermutlich ist diese Komplexitätszunahme in uns zugänglichen Zeiträumen für lange jenseits unserer Messgenauigkeit, aber in kosmischen Zeiträumen eben nicht mehr vernachlässigbar. Und genau da tappen wir in eine Falle, wir setzen ein Gleichheitszeichen wo keines hingehört.

Die Evolution kann spielend Unwahrscheinlichkeiten erzeugen und erklären, die einen Physiker zur Verzweiflung treiben können. Stellen Sie sich vor, dass nur eine von einer Million Mutationen erfolgreich ist (nicht ungewöhnlich) und sich im Laufe der Entwicklung langsam durchsetzt, dann ist die Wahrscheinlichkeit dafür eben $1 : 10^6$. Wenn sich nun ähnliche Prozesse im Laufe der Zeiten neun mal wiederholen, ergibt sich rein rechnerisch am Ende eine Wahrscheinlichkeit von $1 : 10^{60}$, quod erat demonstrandum!

Nun sind aber Mutationen wirklich zufällige Ereignisse und somit einer puristischen rationalen physikalischen Betrachtungsweise unzugänglich. Mutationen sind Fehler und Fehler sind arational, aber unsere Umwelt ist voll von Arationalitäten und wir selbst gehören vermutlich auch dazu.

Evolution bietet uns eine einfache Möglichkeit das ‚Unwahrscheinliche' zu erklären, aber auf Kosten einer gefühlten Kontinuität oder Linearität. Ein Merkmal der Evolution sind

Evolutionsschübe, also Zeiträume, in denen die Entwicklung schneller vonstatten geht als in anderen. Auf einer sehr komprimierten Zeitskala können diese fast wie Sprünge erscheinen, aber eben nur fast. Wenn man Zeit als Maß der Veränderung betrachtet, dann konfrontiert uns die Evolution mit ständig wechselnden Zeitskalen, zumindest wenn man kosmische Zeiträume betrachtet. Das widerspricht natürlich jeder rationalen physikalischen Betrachtungsweise, in der solche Variationen überhaupt nicht definiert sind. Der physikalische Zeitbegriff basiert auf Frequenz, also einer Art Taktvorgabe. Es sind schon so viele Bücher und Abhandlungen über Zeit geschrieben worden und es ist durchaus möglich, dass alle richtig sind – aber auch, dass alle falsch sind.

Vielleicht ist Leben an die Tatsache gekoppelt, dass man Zeit nicht verstehen kann. Wenn aber die Zeit unserer Rationalität nicht restlos zugänglich ist, was bedeutet dann Rationalität? Letztlich ist Rationalität an einen Zeitbegriff gekoppelt – Ursache und Wirkung, in dieser Reihenfolge -, aber wie wir Zeit beurteilen ist so individuell wie wir Menschen sind. Deshalb ist Rationalität ein Handwerk, eine Kunst, so individuell wie eben Individuen sind. Aber wehe dem Meister, der glaubt, ein endgültiges Kunstwerk erschaffen zu haben – der hat Evolution nicht verstanden!

Das Handwerk der Rationalität entpuppt sich also langsam als eine Kunst – die Kunst sich mit der ‚Zeit' zu arrangieren, zu versuchen ‚Zeit' zu verstehen. Natürlich hat sich der Zeitbegriff im Laufe der Menschheitsgeschichte gewandelt. Waren bei Jägern und Sammlern oder zu Beginn der Sesshaftigkeit Jahreszeiten wichtig, so sind es heute ‚Atomsekunden', ohne die keine GPS-Ortsbestimmung möglich wäre. Natürlich benötigt man auf dem Atlantik zur genauen Ortsbestimmung neben einem Sextanten auch einen Chronometer, aber nicht so ganz unbedingt, wie schon Christopher Kolumbus gezeigt hat. Kreativität und Psychologie ersetzten damals unser heutiges Wissen. Mir ist es sehr wichtig, diese beiden Zeitbegriffe zu trennen und den Unterschied klar zu verstehen. Auf der einen Seite gibt es die uns allen geläufige physikalische oder gemessene Zeit, die durch die Sekunde (s) physikalisch definiert ist. Diese Zeit wird durch irgendeinen regelmäßigen Takt vorgegeben. Repräsentanten dieser Zeit sind Uhren oder Chronometer, unerlässlich ist aber eine Absprache, eine Konvention der Teilnehmer über ihre Benutzung. Dass es sich hierbei nicht um eine moderne Absprache oder Konvention handelt, zeigen beispielsweise schon die Tempelbauten der Mayas oder der alten Ägypter. Der Tempel des Ramses II. in Abu Simbel war so angelegt, dass genau am Tag der Sommersonnenwende bei Sonnenaufgang das Sonnenlicht durch eine Tempelöffnung das Gesicht des Ramses beleuchtet – und nur bei diesem besonderen Sonnenstand.

Ein ganz anderer Zeitbegriff ist aber der, der auf Veränderungen, auf Erfahrungen oder auf neuen Informationen beruht. Dieser Zeitbegriff, den ich als gefühlte oder evolutionäre Zeit bezeichnen möchte, ist unregelmäßig. Manchmal hat man das Gefühl, dass die Zeit rennt, ein andermal scheint sie beinahe still zu stehen. Erstaunlicherweise hat dieser Zeitbegriff sehr viel Ähnlichkeit mit unserer Vorstellung von Emotionen, die sich auch nicht auf Knopfdruck abrufen oder abstellen lassen.

Man könnte fast geneigt sein, die Rationalität der physikalischen oder messbaren Zeit zuzuordnen und die Emotionalität eher der gefühlten oder evolutionären Zeit. Wenn man Rationalität und Emotionalität als komplementär betrachtet, dann müsste für die entsprechenden Zeiten auch eine gewisse Komplementarität existieren oder vorstellbar sein. Nach Niels Bohr sind zwei Größen dann zueinander komplementär, wenn die

Informationen über beide nicht gleichzeitig exakt vorhanden sein können oder wenn es nicht einmal im Prinzip möglich ist, einen Apparat zu bauen, mit dem beide Größen gleichzeitig bestimmt werden können. Wenn es diese Komplementarität tatsächlich geben sollte, dann bedeutete die Gleichsetzung dieser beiden Zeitbegriffe eine unzulässige Verallgemeinerung oder Vereinfachung. Um dieser Zeitfalle zu entgehen, muss man diese beiden Zeitbegriffe ganz klar von einander trennen. Vielleicht ist ‚Zeit' ein Beispiel für Äquivokation, ein Homonym, wir aber das Bewusstsein für eine Differenzierung verloren haben, weil wir tagtäglich mit diesem Begriff überflutet werden.

Physik reduziert sich dann als Wissenschaft messbarer Zeiten und begrenzter Zeiträume, in denen dann auch der Energieerhaltungssatz seine Berechtigung hat. In der rationalen Physik ist kein Platz für eine ‚gefühlte Zeit'. Evolution erklärt das Unwahrscheinliche recht gut, kann aber nur die Aussage treffen, dass die Entwicklung vom Einfachen zum Komplexen stattfindet, ohne Voraussagen machen zu können, welcher Art die zukünftigen Komplexitäten sein werden. Mit den Worten von Karl Valentin: „Prognosen sind besonders schwierig, wenn sie die Zukunft betreffen."

Man kann aber mit Sicherheit sagen, dass im Laufe der Evolution immer größere Gedächtnisleistungen erforderlich und ermöglicht werden um dem immer komplexer werdenden Wettbewerb gerecht werden zu können. Vielleicht sind wir gerade im Begriff unsere komplexen menschlichen Gehirne zu vernetzen (Internet), um zukünftigen Anforderungen gewachsen zu sein. Unser Bewusstsein kann aber schon ein Hinweis darauf sein, dass ein wachsendes Gedächtnis strukturiert werden muss, da unterschiedliche Aufgabenstellungen unterschiedliche Wissensbereiche benötigen.

Wir wissen heute, dass unser aktives Bewusstsein durch unsere Gefühle, Emotionen gesteuert wird, die aber nicht direkt mit unseren Sinneswahrnehmungen korrespondieren. Dies könnte ein Hinweis auf uns unbekannte Wahrnehmungen sein, die wir (bisher noch) nicht zuordnen können. (7. Sinn?) Auf jeden Fall entzieht sich ein 7. Sinn unserer Rationalität, weshalb ich eine rationale Erklärung unseres Bewusstseins bewusst nicht versucht habe.

Wenn die gefühlte Zeit auf einem Informationsfluss beruht, der mit variabler Geschwindigkeit vorbei fließt, dann haben wir auch hier ein Problem, diesen rational zu erfassen! Wir haben dann die Grenzen der Rationalität erreicht – und damit auch die Grenzen der Physik – und müssen das Feld unseren Gefühlen und Emotionen überlassen.

Hier schließt sich nun der Kreis. Scheinbar hat Zeit auch eine Qualität, die sich nicht mit einem Chronometer erfassen lässt. Wenn nun aber Zeit eine Qualität hat, wie steht es dann um den Raum? Kann man dem Raum neben Quantitäten wie Ausdehnung oder Krümmung auch Qualitäten zuordnen, die für uns gar nicht messbar sind? In Anbetracht solcher ‚versteckten' Qualitäten wird Einsteins Raum-Zeit zumindest fragwürdig. Wenn man Rationalität und Emotionalität als komplementär betrachtet, dann lässt sich dieser Bogen auch weiter spannen:

Rationalität	-	Emotionalität
Vernunft	-	Gefühl
Quantität	-	Qualität
Wissenschaft	-	Religion

Wir selbst, unser Leben, unsere Vorstellungen benötigen beides, das Ganze. Dabei ist es durchaus sinnvoll, die beiden Seiten formal zu trennen. Wenn man Philosophie als die Mutter aller Wissenschaften betrachtet, dann gehört Philosophie auch auf die linke Seite und somit diese kleine Abhandlung nicht in den Bereich der Philosophie!

Als Physiker komme ich natürlich von der rationalen Seite, aber mein Anliegen ist es aufzuzeigen, dass Rationalität, Wissenschaft für eine ‚Erklärung der Welt' nicht ausreicht. Umgekehrt sollten sich aber auch Religionen davor hüten, wissenschaftliche – oder besser gesagt pseudowissenschaftliche – Argumente einfließen zu lassen. Religionen sollten sich mit der Erklärung von Qualitäten befassen, Wissenschaften mit Quantitäten. Da es sich dabei aber anscheinend um Komplementaritäten handelt, sind wir wohl nicht in der Lage, beide Seiten wirklich gleichzeitig zu betrachten. Wir sind gezwungen, gedanklich hin und her zu pendeln. Vielleicht hat mich deshalb mein Hund Apollo immer so fasziniert. Ihm war diese Unruhe fremd und sein Zeitempfinden muss so anders gewesen sein als mein eigenes, dass es sich lohnt, darüber nachzudenken.

Natürlich ist mir klar, dass ich mich mit meinen Gedankengängen zwischen alle Stühle setze. Wissenschaftler werden sie als zu wenig wissenschaftlich betrachten und den Theologen, die sich vor allem mit der Verifizierung von teilweise abstrusen und nicht belegbaren Geschichten beschäftigen, also eine feste Religionsbindung haben, fehlt die Offenheit, sich mit den wirklichen Grundfragen von Religion zu befassen.

Dabei gibt es eine große Gemeinsamkeit zwischen Wissenschaftlern und Theologen. Beide wollen oder müssen ihre Gemeinde überzeugen und letztlich gibt es dafür nur eine Möglichkeit: Gute Argumente. Und diese werden danach bewertet, ob sie vernünftig, rational sind.

Nur, wer selbst zweifelt, kann nicht überzeugen, aber wer nicht zweifelt, kann auch keine neuen Erkenntnisse gewinnen!

12. Unbestimmtheit

Warum ist überhaupt etwas und nicht nichts?

So oder ähnlich lässt sich die Grundfrage menschlichen Denkens formulieren. Ein Kosmos der Informationen lässt sich dadurch erklären, dass neue Informationen letztlich durch Fehler entstehen. So wie wir aus Fehlern lernen, im Grunde genommen nur aus Fehlern! Ist es nicht möglich, dass die Entstehung des Kosmos einfach nur einem Fehler entsprungen ist, einem Fehler, der das Gleichgewicht des Nichts aus den Fugen geraten ließ? Ich habe einmal geschrieben: Nichts ist Gott ist Unendlich. Dieses Nichts kann man auch als das Ebenbild, das Sinnbild der perfekten Vollkommenheit verstehen, aber auch der totalen Langeweile.

Wenn alles in perfektem Einklang ist, in völliger Harmonie, wenn nichts Außergewöhnliches, im Grunde genommen überhaupt nichts passiert, dann gibt es auch gar nichts, über das man nachdenken könnte, was sich beschreiben ließe. Dann ist doch der Gedanke gar nicht so abwegig, dass Gott, das Nichts, einfach von Langeweile geplagt war. Das Nichts ist perfekt, fehlerfrei, ewig und unendlich, aber leider auch überhaupt nicht spannend!

Wenn man also etwas Spannung haben oder erzeugen möchte, muss man sich mit diesen drei Grundkriterien der Perfektion, nämlich Fehlerfreiheit, Ewigkeit und Unendlichkeit näher befassen. Dabei kommt der Fehlerfreiheit eine Schlüsselrolle zu. Fehler scheinen zum einen andere Fehler nach sich zu ziehen, zudem sind sie augenblicklich und lokal, also nicht ewig und unendlich. Ein winziger kleiner Fehler zieht eine Kettenreaktion nach sich und unterminiert gleich alle drei Grundkriterien der Perfektion. Ein kleiner Fehler erschlägt somit gleich drei Fliegen mit einer Klappe. Wenn zudem, wie schon erwähnt, Fehler unweigerlich weitere Fehler nach sich ziehen, wird dadurch eine Kettenreaktion ausgelöst, deren Verlauf nicht vorhersehbar ist.

Wenn man diesen Gedankengang noch einmal präzisiert, findet man sogar eine Erklärung für das ‚verlorene Paradies'. Das Nichts entspricht irgendwie unserer Vorstellung vom Paradies; es ist perfekt, vollkommen, ewig und unendlich! Um dieses Paradies zu zerstören, bedarf es nur eines winzigsten Fehlers, mit ungeahnten Folgen. Fehler sind augenblicklich und lokal, sie zerstören die Vollkommenheit und ziehen unausweichlich weitere Fehler nach sich. Da nun aber ein Fehler eine Information darstellt, wird damit etwas in Gang gesetzt, was sich nicht mehr aufhalten lässt. Das Ende von ewig und unendlich! Vielleicht hat Gott (Nichts ist Gott ist Unendlich) aus Langeweile diesen Fehler initiiert und sich dann zurückgezogen (Tzimtzum der Lurianischen Kabbalah), um die Geschehnisse zu beobachten.

Spannend ist dabei, dass es nach einem Fehler nie wieder ein Paradies geben kann, sondern nur noch unzulängliche Versuche, eine gewisse Ordnung wieder herzustellen. Allwissenheit und Vollkommenheit sind ein für alle mal verloren!

Folgt man diesem Gedankengang, dann lässt sich die Entstehung des Universums auf eine immer größere Anhäufung von Fehlern, sprich Informationen, zurückführen. Eine Energie- oder Informationserhaltung ist mit dieser Vorstellung inkompatibel. Drei Wissenschaftler haben diesen Paradigmenwechsel maßgeblich beeinflusst, obwohl sie die Energieerhaltung selbst nicht in Frage stellten:

1. Charles Darwin (1838, 1859)
2. Werner Heisenberg (1927)
3. Kurt Gödel (1931)

Charles Darwin war der erste, der die Anpassung des Lebens an die Umwelt erkannte und beschrieb, obwohl ihm die zugrunde liegenden Prozesse unbekannt waren. Erst mit Mendel wurden die Ursprünge der Vererbungslehre erforscht und im Laufe der Jahrzehnte entwickelte sich eine aussagekräftige Genetik. Heute nimmt man an, dass Mutationen durch zufällige Kopierfehler verursacht werden, sich diese Mutationen aber nur dann durchsetzen können, wenn sie Überlebensvorteile haben. Diese Kopierfehler sind minimal, aber absolut **zufällig**.

Die Heisenbergsche **Unschärfe**relation ist die Aussage der Quantenphysik, dass zwei komplementäre Eigenschaften eines Teilchens nicht gleichzeitig beliebig genau bestimmbar sind.

Der Satz von Gödel ist einer der wichtigsten Sätze der modernen Logik. Er weist nach, dass es in hinreichend starken widerspruchsfreien Systemen immer Aussagen gibt, die **unbeweisbar** sind.

Alle diese Begriffe wie zufällig, unscharf oder unbeweisbar lassen sich mit einem Begriff zusammenfassen: **Unbestimmtheit**. Anscheinend ist es egal, ob man evolutionäre Systeme, die Physik oder mathematische Logik betrachtet, in allen Fällen stößt man an Grenzen: **Unbestimmtheit**.

Wenn dem tatsächlich so ist, ist es naheliegend eine Gemeinsamkeit der drei Bereiche zu suchen und die ist schnell gefunden. Die Evolution richtet ihr Augenmerk auf genetische Informationen, in der Physik sucht man physikalische Informationen und die Logik verwendet mathematische Informationen.

Anscheinend lassen sich die Begriffe Unbestimmtheit und Information nicht voneinander trennen. Eine Antwort habe ich bereits angedeutet. Wenn man versucht, Informationen auf einzelne Informationsbits (oder Quanten) zu reduzieren, dann darf man diesem Informationsbit nur eine einzige Frage stellen, denn es kann nur eine Antwort geben.

Wie schon in Kapitel 1 angedeutet, beruht unsere Logik auf einer Abfolge von Fragen, die man entweder mit ‚Ja' oder ‚Nein' beantworten kann. Man kann also unsere Logik als ein Binärsystem betrachten, denn ich kann ohne weiteres ‚Ja' und ‚Nein' durch ‚1' und ‚0' ersetzen. Unserer Logik ist also Dualismus oder Komplementarität inhärent, eine Tatsache, deren Ursache bereits in unserem Genom verankert sein kann.

Unsere DNA hat die Struktur einer Doppel-Helix, die eine beliebige Abfolge der vier Bausteine C, G, T und A enthält, wobei nur C und G oder T und A aneinander koppeln können. Betrachten wir einmal einen willkürlichen Einzelstrang mit der Abfolge   C – G – T – A – A – T – G – C, dann kann die Doppel-Helix nur das folgende Aussehen haben:

$$C - G - T - A - A - T - G - C$$
$$G - C - A - T - T - A - C - G$$

Es ist offensichtlich, dass bei einer Trennung der beiden Stränge sich jeweils die zugehörigen Partner wieder andocken können und soweit alle Bausteine verfügbar sind, sich zwei identische Doppel-Helixe entwickeln können. Das ist das Prinzip der Zellteilung ohne auf die genaue Struktur der einzelnen Bausteine eingehen zu müssen. Es bleibt zu bemerken, dass unser Genom die Basis 4 verwendet, die man aber ohne weiteres auch binär darstellen kann, etwa wie folgt:

$$C = 00, \quad G = 11, \quad T = 01 \quad \text{und} \quad A = 10$$

Schreibt man nun unser Beispiel der Doppel-Helix in dieser Form, so ergibt sich folgendes Bild:

00 – 11 – 01 – 10 – 10 – 01 – 11 – 00
11 – 00 – 10 – 01 – 01 – 10 – 00 – 11

Man erkennt sofort, dass nur eine 1 an eine 0 oder eine 0 an eine 1 ankoppeln kann, aber niemals eine 0 an eine 0 oder eine 1 an eine 1. Stellt man sich bildlich eine 0 als Öffnung und die 1 als den passenden Stift vor, dann entspräche die 00 einer zweipoligen Steckdose und die 11 dem zugehörigen zweipoligen Stecker. Zusätzlich existieren aber noch zwei Zwitter, die halb Dose und halb Stecker sind. Ich habe mit Bedacht diese Darstellung gewählt, um aufzuzeigen, dass bereits in unserem Genom für die Zellteilung eine Form von Dualismus oder Komplementarität zugrunde liegt.

Zellteilung oder Reproduzierbarkeit ist aber die Basis jeden Lebens. Kopierfehler lassen sich schon dadurch erklären, dass bei einer Zellteilung nur ein Baustein nicht in genügender Menge vorhanden ist. Es reicht schon, dass nur ein einziger Baustein fehlt. Reproduzierbarkeit (Leben) benötigt Fehlerfreiheit, theoretisch. Wenn diese unerreichbar ist, muss zumindest ein so hohes Maß an Fehlerfreiheit gewährleistet sein, dass die Fehler praktisch vernachlässigbar sind. Zudem muss ein Mechanismus gefunden werden, der die Fähigkeit hat, kleine Fehler so auszubügeln, dass die Lebensfähigkeit erhalten bleibt. Vermutlich ist das der Grund für die erst spät zur Kenntnis genommene Unbestimmtheit.

Da exakte Wissenschaften aber immer auf einer gewissen Rationalität beruhen, deren Basis wiederum eine beliebig erweiterbare Logik darstellt, werden wir wohl eine Unbestimmtheit nicht vermeiden können. Demnach sollte auch die Energieerhaltung einer Unbestimmtheit unterliegen. Man kann sie höchstens in zeitlich und räumlich eng begrenzten Bereichen als gegeben oder zumindest annähernd gegeben annehmen.

Energieerhaltung ist aber die Grundlage für den 2. Hauptsatz der Thermodynamik und dieser wiederum ist die Basis für die Definition des Begriffs der Entropie. In einem kreativen, schöpferischen, wachsenden und offenen Universum kann man Energieerhaltung und den 2. Hauptsatz der Thermodynamik jedoch nur als gute, ja sogar sehr gute Näherung betrachten und muss somit den Begriff der Entropie neu fassen.

Grundlage der Quantenphysik ist die Tatsache, dass anscheinend elektromagnetische Strahlung (Sonderfall Licht) nur in Form von unteilbaren Quanten, also Informationsbits, auftreten kann, mit den Folgen der daraus resultierenden Unbestimmtheit. Die heutige Physik steckt in einem Dilemma. Zum einen können wir die Welt nur ‚elektromagnetisch sehen', wir haben keine genaueren Messmethoden! Zum anderen ist die Gravitation um ca. 30 Zehnerpotenzen kleiner als der Elektromagnetismus. Wollte man Gravitation analog dem Elektromagnetismus (Photonen) über Austauschteilchen erklären (Gravitonen), hätten wir auch sehr langfristig Nachweisprobleme, denn Gravitonen könnten oder müssten dann um eben diese ca. 30 Zehnerpotenzen kleiner und schneller sein als Photonen. Es ist also reine Spekulation, ob es Informationsbits der Gravitation und damit auch Unbestimmtheit in diesem Bereich gibt und ob uns Menschen jemals solche Messgenauigkeiten möglich sein werden. Wenn sich aber die Energie des Kosmos ändert, müsste sich auch dessen Gravitation ändern und vielleicht ergeben sich darüber Erkenntnisse über die Gravitation.

Unbestimmtheit ist letztendlich eine Folge davon, wie rational wir Menschen mit Informationen umgehen. (Je kleiner der betrachtete Informationscluster, desto größer die Unbestimmtheit, mit der maximalen Unbestimmtheit von 50:50 bei einem einzelnen Informationsbit.)

13. Zeit

Ich habe bereits erwähnt, dass man Physik und Kosmologie trennen muss, Physik ist beschränkt auf begrenzte Systeme, auch wenn diese sehr groß sein können, Kosmologie dagegen bezieht sich auf ein offenes System, so wie auch Evolution. Es ist daher durchaus sinnvoll, einen neuen Wissenschaftszweig zu begründen, der sich ganz allgemein als *Evolutionslehre* bezeichnen lässt. Diese Evolutionslehre umfasst viele Bereiche, wie z.B. die biologische, kulturelle oder physikalische Evolution und beschreibt oder erklärt das Werden (becoming) der Welt im Gegensatz zur Physik, die sich vor allem mit dem Sein (being) der Welt befasst. Diese Trennung von Werden und Sein macht durchaus Sinn, weil es sehr viele Prozesse gibt, die so langsam verlaufen, dass zeitliche Veränderungen näherungsweise vernachlässigbar sind. Bei Experimenten mit vergleichsweise großen Messungenauigkeiten ist eine Änderung, die vielleicht in der zehnten Nachkommastelle in Erscheinung tritt, ziemlich unerheblich.

Wir haben also einerseits die Wissenschaft des Seins, die man als *zeitlos* betrachten kann, die auf Gleichungen und Formeln aufbaut und mathematisch sehr gut beschrieben werden kann. Dieses Sein ist ein Ist-Zustand, in dem folglich Bewegungsgleichungen einen reversiblen Charakter haben. Der Zeitbegriff des Seins ist eine mathematische Formulierung und aus der Mathematik wissen wir beispielsweise, dass quadratische Gleichungen *reversible Lösungen* haben. Die Beschreibung des Seins ist aber nur die eine Seite der Wissenschaft.

Auf der anderen Seite haben wir die Wissenschaft des Werdens, die ich als Evolutionslehre bezeichnet habe und die sicher eine größere Nähe zur Biologie aufweist. Diese Wissenschaft lässt sich nicht in Gleichungen oder Formeln fassen, sie beschreibt Prozesse, für die man allenfalls Regeln finden kann. Dabei muss ich den Begriff Prozess als evolutionären Prozess präzisieren.

Diese Art von Prozess erzeugt mitunter etwas neues, etwas unvorhergesehenes, etwas zufälliges, etwas unbestimmtes. Dieses Neue ist anders als alles zuvor dagewesene, ist daher nicht reversibel, also nicht durch eine Gleichung oder Formel zu beschreiben und sein Erscheinen ist nicht zwingend, sondern sporadisch. Das schließt auch eine statistische oder Wahrscheinlichkeitsbetrachtung aus.

Durch das Werden wird natürlich ein ganz anderer Zeitbegriff geprägt, eine irreversible, auf unwiderruflichen Veränderungen basierende Zeit, die aber letztlich inhomogen ist. Diese Inhomogenität fällt natürlich in einem riesigen Universum, in dem enorm viele Prozesse gleichzeitig ablaufen weder auf noch ins Gewicht. Ich denke aber, dass es für ein Verständnis unserer Welt wichtig ist, diese zwei Zeitbegriffe – die homogene mathematische Zeit des Seins und die inhomogene evolutionäre Zeit des Werdens – nicht zu vermischen. Ich habe bereits in meinem Buch *Meine Zeit* auf diesen Unterschied hingewiesen, weil uns wohl die unterschiedlichen Bedeutungen des Homonyms Zeit verloren gegangen sind. Einstein hat diese Tatsache mit einer seiner typischen Bemerkungen kommentiert: „Zeit ist das, was wir auf der Uhr ablesen."

Ein kleines Beispiel kann diesen Sachverhalt verdeutlichen. Stellen sie sich vor, sie können einen abgeschlossenen Raum beobachten, in dem sich zunächst nichts anderes befindet als beispielsweise 1000 Uranatome, die im Laufe der Beobachtung radioaktiv zerfallen können, zwar mit einer gewissen Wahrscheinlichkeit, aber keiner Regelmäßigkeit. Außerdem steht ihnen eine Uhr zur Verfügung, die eine kontinuierliche

Zeit anzeigt. Woher diese Uhr kommt und welche Zeit sie misst, soll zunächst einmal außer Acht gelassen werden.

Wenn sie nun mit Hilfe dieser äußeren Uhr in regelmäßigen Abständen Bilder des Beobachtungsraums durchführen, stellen sie fest, dass sich in den meisten Fällen von einem Bild zum nächsten nichts ändert - absolut gar nichts. Sie können diesen Bildern zwar unterschiedliche Zeitpunkte der äußeren Uhr zuordnen, aber in dem Raum selbst erscheint es so, als ob die Zeit gleich- oder stehengeblieben ist, es hat sich nichts geändert. Eine Änderung im Beobachtungsraum ist nur dann feststellbar wenn im Beobachtungszeitraum mindestens ein Uranatom zerfällt.

Im Beobachtungsraum kann man Zeit als Maß der Veränderung betrachten. Diese Veränderungen haben aber einen ganz anderen *Rhythmus* als die äußere Zeit. Dieser Rhythmus beruht auf Ereignissen, den Ereignissen des Zerfalls. Insofern ist diese Zeit zwar inhomogen, aber nachvollziehbar (Sie wäre allerdings homogen, wenn eine Uhr durch diese Zerfallsereignisse getriggert würde). Im Gegensatz dazu ist die äußere Zeit konstruiert und verliert ihre Bedeutung wenn man den Beobachtungsraum als offenes System betrachtet und ein außerhalb gar nicht definiert ist.

Wir müssen also – auch wissenschaftlich – ganz klar Sein und Werden trennen. Dabei hat das Verständnis des Werdens seit Darwin geradezu sprunghaft zugenommen. Inzwischen hat sich auch die Vorstellung eines Rückkopplungsmechanismus dafür etabliert, aber meine Vorstellung der Rückkopplung von Wettbewerb und Gedächtnis ist noch nicht so weit verbreitet.

Wettbewerb ist der Motor, benötigt aber immer bessere Gedächtnisse, die deren Inhabern wiederum enorme Wettbewerbsvorteile bieten. Bessere (größere) Gedächtnisse entstehen durch Kooperation bestehender Teile und dabei wird etwas neues, zunächst unbestimmtes, ein mehr (das Ganze ist mehr als die Summe seiner Teile) generiert, das maßgeblich für die inhomogene Zeit verantwortlich ist. Am Ende dieses Buches habe ich *eine kleine Geschichte der Welt* angehängt, die diese evolutionäre Entwicklung vom Einfachen zum Komplexen verdeutlicht.

Diese inhomogene Zeit ist für das Werden der Welt maßgeblich, lässt aber auf Grund dieser Inhomogenität keine Aussage über das Alter unserer Welt zu. Wenn es dennoch versucht wird, heißt das, dass die Vertreter dieser Auffassung nicht zwischen mathematischer und evolutionärer Zeit – zwischen Sein und Werden – unterscheiden können oder wollen. Zudem bin ich mir nicht sicher, ob die verschiedenen Evolutionsarten den gleichen Zeitbegriff verwenden. Die kulturelle Zeit ist uns verständlich, sie ist ja ein Produkt unserer Kultur. Die biologische Zeit beginnen wir langsam zu verstehen (dank Darwin). Und wie steht es mit der physikalischen Zeit? Obwohl Zeit einer der meist benutzten Begriffe unserer Kultur ist, ist er vermutlich einer der am wenigsten verstandenen! Eine Mitschuld daran muss man wohl auch der Physik zuschreiben, die nur eine einzige Zeit (t,T) verwendet und keine Differenzierung erlaubt.

Möglicherweise ist diese Gleichsetzung verschiedener Zeiten eine Folgeerscheinung unserer monetär ausgerichteten Gesellschaft, in der man <u>alles</u> (über den Preis) vergleichen will, soll und dann (meint man) auch kann! Ein Hoch der Einfalt (Monofalt, wie ich zu sagen pflege)! Vielleicht kein Wunder, wenn wahrscheinlich die letzte gleichzeitige Beschäftigung mit Physik und Biologie am Gymnasium in der 10. Klasse stattfand. Schon als Laie kann man sehen, dass die Physik viel stärker von der Mathematik dominiert wird als die Biologie.

III Grenzen der Rationalität

> Die sichtbare Welt ist für einen Bretonen
> nichts anderes als ein Netz von Symbolen.
> Nichts ist wirklicher als das, was man nicht sieht!
>
> Charles le Goffic

Der Begriff der Rationalität leitet sich von dem Begriff der Ratio, der Vernunft, ab. Das Handwerk der Rationalität basiert somit auf dem Begriff der Vernunft. Dieses Buch soll aber nicht mit philosophischen Werken, wie etwa Kants 'Kritik der reinen Vernunft' konkurrieren. Danach ist die Vernunft das oberste Erkenntnisvermögen, das den Verstand, mit dem die Wahrnehmung strukturiert wird, kontrolliert und diesem Grenzen setzt bzw. dessen Beschränkungen erkennt. Sie ist damit das wichtigste Mittel der geistigen Reflexion und das wichtigste Werkzeug der Philosophie.

Wenn man Vernunft tatsächlich als das oberste Erkenntnisvermögen betrachtet, dann gäbe es natürlich nur eine Vernunft und damit wäre alles, was wir im allgemeinen als vernünftig bezeichnen in Wirklichkeit nur eine Vorstufe. Man spricht also von reiner und praktischer Vernunft und die reine Vernunft ist somit eine unbedingte Vernunft, die aber unerreichbar ist. Eine gewisse Verwandtschaft mit dem mittelalterlichen Gottesbegriff des Anselm von Canterbury (id quo maius cogitari nequit), nach dem Gott das ist, worüber Größeres nicht gedacht werden kann, ist unverkennbar. Auch das erste, übrigens nicht von Darwin selbst stammende, Dogma der Evolution 'Survival of the fittest' passt in dieses Denkschema.

Gemeinsam ist diesen Denkweisen die Verwendung eines Superlativs. Nur das Beste ist gut genug! Stimmt das aber tatsächlich mit den Beobachtungen der realen Welt überein? Nein! Überhaupt nicht! Und warum nicht? Der Grund ist ziemlich einfach. Superlativen sind die Ergebnisse von Vergleichen, also einer letztendlich wissenschaftlichen Betrachtungsweise, die aber auf Quantitäten beschränkt ist. Unser Universum ist dagegen ein Ausbund an Vielfalt, von ganz unterschiedlichen Qualitäten, die sich beim besten Willen nicht vergleichen lassen. In der Evolution spricht man heute von 'Survival of the fit', gut genug zum Überleben. Die Vielfalt des Lebens lässt sich eben nicht durch ein Überleben des Besten erklären. Wenn beispielsweise zwei Mutationen nicht genau miteinander verglichen werden können, welchen Sinn macht es dann überhaupt, von einer besseren zu sprechen?

Schon unsere Ratio, unsere Vernunft ist so vielfältig wie wir Menschen sind. Um das besser verstehen zu können, habe ich versucht eine einfache Vorstellung unseres Denkens zu entwickeln. Dazu benutze ich an Stelle von Bewusstsein und Unterbewusstsein die für mich einfacheren Begriffe des aktiven und passiven Bewusstseins. Das passive Bewusstsein enthält alle von einem Menschen gemachten Erfahrungen und Lernprozesse, ohne dass der Mensch jederzeit auf alles Zugriff hat, dazu wird dieser Fundus im Laufe der Zeit viel zu groß. Wollte man für jede rationale Entscheidung den gesamten Fundus zu Rate ziehen, würden diese Entscheidungen so lange dauern, dass wir kaum überlebensfähig wären.

Zur Verbesserung unserer Entscheidungsfähigkeit hat und die Natur daher mit einem sehr viel kleineren aktiven Bewusstsein ausgestattet, das aber den jeweiligen Situationen oder Gegebenheiten angepasst sein muss. Wir wissen, und Wissenschaftler haben das bestätigt, dass unser Gedächtnis, unser Erinnerungsvermögen stark von unserer Stimmung, unseren Emotionen abhängig ist. Dabei sind sehr starke Emotionen wie Zorn oder Hass nur die Spitze eines Eisbergs. Wir wissen auch, dass in extremen Gefahrensituationen unsere Gedanken ganz stark fokussiert sind. Unser aktives Bewusstsein wird also verkleinert, um sehr schnelle Entscheidungen treffen zu können.

Die vorgenannten Überlegungen zeigen, dass sowohl Inhalt als auch Größe unseres aktiven Bewusstseins variieren und diese Variationen anscheinend von unseren Emotionen, von unseren Gefühlen gesteuert oder zumindest beeinflusst werden. Was wir also in einem bestimmten Augenblick denken oder überhaupt denken können, wird demnach nicht nur von unserer Ratio, unserem Denkvermögen, unserer Vernunft bestimmt, sondern hängt auch maßgeblich von unserer momentanen Stimmung, unseren Emotionen ab. Einfach ausgedrückt könnte man sagen, unsere Ratio bestimmt, was wir denken und unsere Emotionen, was wir denken können. Diese Kopplung von aktivem Bewusstsein und Emotionen ist unserer Ratio aber nicht zugänglich, gewissermaßen durch die Hintertür wird somit unsere Rationalität durch unsere Emotionen beeinflusst. Ratio und Vernunft sind also relativ und Fehleinschätzungen sind damit nicht nur nicht auszuschließen sondern geradezu vorprogrammiert.

Zusammenfassend könnte man diese Überlegungen so ausdrücken: Unsere Rationalität ist sich ihrer Grenzen nicht bewusst, sie kann ihre eigenen Grenzen nicht erfassen. Somit kann man unsere Rationalität für sich als ein offenes System betrachten und für jedes offene System gilt, dass es Aussagen gibt, die nicht entschieden werden können.

Eine ähnliche Erkenntnis muss beispielsweise auch schon Buddha erfahren haben, denn seine Meditationslehre zielt im Grunde genommen genau auf diese beiden Punkte ab. Zum einen der Neutralisierung unserer Emotionen und zum anderen dem Gewahr werden und Verinnerlichen dieser Offenheit.

Es wird also Zeit, das Ende des wissenschaftlichen Zeitalters einzuläuten. Damit meine ich nicht die Wissenschaft selbst, sondern die Dominanz der exakten Wissenschaft, die aber wiederum nur die Folge einer völlig desolaten Religionsentwicklung ist. Nachvollziehbarkeit ist dabei das Schlagwort. Religiöse Aussagen wurden im Laufe der Zeit immer abstruser und können letztlich von Niemandem mehr nachvollzogen werden. Daher musste sich die Wissenschaft, wenn man sie mal als Antireligion betrachtet, genau diese, die Nachvollziehbarkeit, auf ihre Fahnen schreiben. Dabei gingen die Wissenschaften leider auch noch einen Schritt weiter mit der zusätzlichen Forderung der Reproduzierbarkeit, die per se den zufälligen Zufall ausschließt, da dessen Hauptmerkmal die Nichtreproduzierbarkeit ist.

Neben den Wissenschaften, die sich mit Quantitäten beschäftigen, muss es auch eine Betrachtung von Qualitäten und Werten geben. Ursprünglich war das die Aufgabe der Religion und mein Anliegen ist es, genau diese Aufgabe der Religion wiederzubeleben. Dazu muss aber Religion von all dem dogmatischen Firlefanz befreit werden, der sich im Laufe von Jahrhunderten angesammelt hat.

Wenn man Religion ganz formal für die Betrachtung von Qualitäten zuständig sieht, kann man auch das ganze pseudowissenschaftliche Gefasel über dieses Thema mit einem Schlag begraben. Religion hat eine klar definierte Aufgabe, die Beschäftigung mit schwer definierbaren und vor allem nicht beweisbaren Qualitäten.

Wenn man Religion zudem, so wie es im Buddhismus stark ausgeprägt ist, als Lebenshilfe sieht, dann stimme ich voll und ganz der Auffassung des Theologen Adolf Holl zu, dass

Gott eine jede Religion gelten lässt, solange sie die Menschen nicht unglücklicher macht, als sie ohnehin schon sind.

Wenn man eine Schöpfung als realistisch betrachtet, auch wenn sie immer noch stattfinden sollte, dann kann man auch ganz formal von einem Schöpfer oder Gott sprechen, auch wenn dieser Gott nicht definiert ist und sogar das kosmische Kollektiv sein könnte. Mit dieser Betrachtungsweise entspringt eine Diskussion über Atheismus, Monotheismus oder Pantheismus eher einer unterschwelligen Profilierungshysterie denn einer ernstzunehmenden weiterführenden Debatte.

In einem lebendigen schöpferischen Universum kann es keine reine, keine unbedingte Vernunft geben, denn auch Vernunft ist ein Prozess und einem stetigen Wandel unterworfen. Vernunft ist ein Produkt des Lebens und Leben ist an Bedingungen geknüpft. Wenn der Ursprung allen Denkens, das Leben, an Bedingungen geknüpft ist, dann können die Folgen, wie Freiheit oder Vernunft, nicht bedingungslos sein.

Zwei Aussagen des Theophrastus Bombastus von Hohenheim, genannt **Paracelsus**, die inzwischen bald 500 Jahre alt sind, faszinieren mich immer wieder:
1. **Die Welt ist ein großes lebendiges Wesen**
2. **Die Dosis ist das Gift**

Die erste Aussage ist die Kurzfassung meiner Vorstellung eines lebendigen schöpferischen Universums, das auch einem normalen evolutionären Wachstum unterliegt. Das widerspricht natürlich der gängigen Binsenweisheit 'Von Nix kommt Nix', aber anscheinend muss unsere Welt aus dem Nichts entstanden sein. Zudem ist diese Binsenweisheit ein Affront für jeden innovativen, kreativen Denker, Macher, Künstler oder Jungunternehmer. Innovation und Kreativität gibt es aber nicht umsonst, im Gegenteil. Wir lernen aus Fehlern, im Grunde genommen nur aus Fehlern. Selbst wenn wir imitieren, müssen wir auch das erst richtig lernen. Wer nur auf Fehlervermeidung bedacht ist, wird nie kreativ.

Man darf nur nicht dem fatalen Trugschluss verfallen, dass zufällige Erkenntnisse tatsächlich nur zufällig sind. Im Gegenteil, ein hohes Maß an notwendigen Vorleistungen, an Voraussetzungen ist erforderlich, damit neue Erkenntnisse, auch zufällige, überhaupt gedeihen können.

Erstaunlicherweise schließt sich hier wieder ein Kreis. Fehler entsprechen letztendlich neuen Informationen, sogar zufälligen neuen Informationen. Fehler lassen sich in vermeidbare und unvermeidbare Fehler unterteilen und es sind gerade die unvermeidbaren Fehler, die zu neuen Erkenntnissen führen. Unvermeidbare Fehler entsprechen dem zufälligen Zufall und sind somit der Motor der Evolution. Unvermeidbare Fehler sind daran gekoppelt, dass etwas Neues, etwas Unvorhersehbares entsteht, also an Wachstum in irgendeiner Form, nicht notwendigerweise quantitatives Wachstum. Da Informationen einer Form von Energie entsprechen, muss eine Informationszunahme auch eine Energiezunahme bewirken.

Physik wird gerne als Wissenschaft der toten Materie bezeichnet. Wenn die Welt aber ein lebendiges Wesen sein sollte, dann kann die Physik nur die Ausschnitte im Kosmos beschreiben, in denen diese Lebendigkeit vernachlässigbar ist. In diesen (zeitlich und räumlich begrenzten) Bereichen ist dann natürlich Energieerhaltung als Erfahrung nicht widerlegbar. So wie eine Eintagsfliege niemals Jahreszeiten erfahren kann, so werden wir vielleicht niemals den Herzschlag des Kosmos ergründen können.

Vernünftigerweise müsste man also auch von physikalischer Evolution sprechen, in Analogie zu biologischer und kultureller Evolution. Einige Wissenschaftler haben abgeschätzt, dass die kulturelle Evolution um mindestens den Faktor 10^7 schneller ist als die biologische Evolution. Wenn man einen ähnlichen (oder noch größeren) Faktor auch zwischen der biologischen und der physikalischen Evolution annimmt, kann man erkennen, dass zwischen einem physikalischen und unserem kulturellen Zeitbegriff Welten liegen müssen! Natürlich können wir uns mathematisch die Zahl 10^{15} vorstellen, eine 1 mit 15 Nullen, aber können wir das auch wirklich rational einordnen? Eine physikalische Sekunde entsprächen demnach etwa 30 Millionen kulturelle Jahre. Macht solch ein Vergleich überhaupt Sinn???

Die zweite Aussage des Paracelsus ist ein Hinweis darauf, dass alles im Leben relativ ist. Ein Zuviel des Guten ist nicht besser, im Gegenteil. Das Schlechte muss demnach nicht unbedingt das Gegenteil des Guten sein, sondern kann durchaus auch als ein Zuviel des Guten betrachtet werden. Das Gute ist also nicht per se gut, sondern hängt von der Dosis ab und diese Dosis ist wiederum abhängig von den Umständen und Gegebenheiten. Das Gute ist also an Bedingungen geknüpft oder anders ausgedrückt: es gibt nichts unbedingt Gutes. Es gibt keine unbedingte Freiheit und auch keine unbedingte Vernunft. Nachvollziehbarkeit ist die Basis von Erkenntnis, Reproduzierbarkeit kann aber schon das Gift sein.

Auch für die Vernunft gilt die zweite Aussage von Paracelsus. Vernunft ist gut, aber zu viel Vernunft kann durchaus kontraproduktiv sein. Versuchen sie das einmal einem vernunftbetonten Menschen zu erklären. Was für die Vernunft gilt, sollte auch für die Rationalität Bestand haben. Also gilt auch für die Rationalität: Die Dosis ist das Gift. Nur, welche Dosis angemessen ist, lässt sich nicht rational ermitteln, sondern nur durch Versuch und Irrtum und schon sind wir wieder bei den

Regeln der Evolution. Wirklich Neues lässt sich nicht planen, lässt sich nicht vorhersagen. Ob nun jemand in die Glaskugel schaut oder sich Zukunftsforscher nennt, er wird immer einen Schleier vor Augen haben. Jacques Monod betitelte sein Hauptwerk 'Zufall und Notwendigkeit' und prägnanter kann man Leben wohl nicht auf den Punkt bringen. Vieles, vielleicht das meiste im Leben ist wohl notwendig. Das Salz in der Suppe ist jedoch das Zufällige, das Unvorhergesehene. Wirklich schön ist das Leben erst jenseits der Rationalität, jenseits der Dogmatisierung, der Kanonisierung, der Ritualisierung, wenn die Freiheit des Denkens nicht mehr als unbedingt notwendig beschränkt ist. Wir benötigen zwar Dogmen als Ausgangspunkt unserer Kreativität. Dogmen kann man als **zunächst** zulässige Verallgemeinerungen oder Vereinfachungen betrachten, die einen Denkprozess in Gang setzen. Aber alles hat seine Zeit, auch Dogmen. Wenn man dann den begrenzten Gültigkeitsbereich eines Dogmas erkennt, wird die zunächst zulässige Verallgemeinerung unzulässig. Dogmen haben eine begrenzte Nützlichkeit, eine bedingte Zulassung und genau diese Bedingungen darf man niemals aus den Augen verlieren.

Ein Leben ohne Fesseln ist nicht möglich, aber deshalb müssen wir Menschen uns nicht selber Fesseln anlegen!

IV Credo

> Eine Selbstgarantie des menschlichen Denkens ist, auf welchem Gebiet auch immer, ausgeschlossen. Man kann nicht völlig voraussetzungslos ein positives Resultat gewinnen. Man muss bereits an etwas glauben, um etwas anderes rechtfertigen zu können.
>
> Wolfgang Stegmüller

Welche vorsichtigen Schlüsse lassen sich aus diesem Handwerk der Rationalität ziehen? Ein Grundpfeiler unseres Denkprozesses und der damit verbundenen wissenschaftlichen Weltvorstellung ist die Logik. Logik verarbeitet Informationen und es muss eine kleinste Informationseinheit, das Informationsbit oder Informationsquant geben. Unser logisches Denken ist gequantelt, wir sprechen ja auch von logischen Schritten, nicht von einem logischen Kontinuum. Wenn wir also die Welt bis ins Detail analysieren wollen, werden wir letztendlich auf etwas Unteilbares treffen müssen. Dafür haben schon die alten Griechen den Begriff 'atomos' geprägt. Zunächst einmal ist eine Quantelung also eine Folge unserer logischen Denkstruktur.

Bei der Untersuchung der Strahlung eines schwarzen Körpers musste Max Planck um 1900 eine unteilbare Hilfsgröße h einführen, um eine konsistente mathematische Theorie entwickeln zu können. Zunächst einmal sollten Quanteneffekte in einer mathematischen Theorie, die ja letztlich auf Logik aufbaut, nicht als ungewöhnlich erscheinen. Die Idee, diese unteilbare Hilfsgröße h, die auch als Wirkungsquant bezeichnet wird, mit dem Informationsquant gleichzusetzen, erscheint daher auf den ersten Blick verlockend, vielleicht zu verlockend.

Die Größe des Wirkungsquants lässt sich berechnen und letztlich auch messen, also experimentell bestimmen. Gilt das aber auch für unser logisches Informationsquant? Ich glaube nein. Unser logisches Informationsquant ist relativ, abhängig von dem jeweiligen Denkprozess und der Aufgabenstellung. Demgegenüber ist das von Max Planck eingeführte Wirkungsquant nur für eine konsistente elektromagnetische Strahlungstheorie bedeutsam, also nur für eine elektromagnetische Wechselwirkung relevant. Man kann also das Wirkungsquant h als das Informationsquant der elektromagnetischen Wechselwirkung, aber eben nur dieser, auffassen. Allerdings besitzt diese Wechselwirkung eine enorme Dominanz in unserem täglichen Leben. Licht, Radiowellen, Röntgenstrahlen...

Da nun aber Informationen oder Wirkungen überhaupt nur Sinn machen, wenn sie auch ausgetauscht werden können, also kommuniziert werden können, ist folglich ein Kommunikationsmodell der Welt mehr als naheliegend. Dann lässt sich ein Informationsquant gewissermaßen als Schwellenwert einer zugehörigen Kommunikation interpretieren. Gibt es eine Notwendigkeit für diese Schwellenwerte? In einer formalen Systemtheorie, die zwischen System und Umwelt unterscheidet, kann man drei Kommunikationen differenzieren, eine systeminterne, eine umweltexterne, die man auch als Umweltrauschen betrachten kann, und die sehr wichtige Kommunikation zwischen System und Umwelt. Damit nun diese nicht durch das Umweltrauschen beeinflusst wird, ist ein Schwellenwert durchaus naheliegend. Das Planck'sche Wirkungsquantum lässt sich somit als Untergrenze einer elektromagnetischen Kommunikation interpretieren, damit diese Wirkung als Information registriert werden kann oder eine relevante Information darstellt.

Wie lässt sich das verstehen? Ich habe den Elektromagnetismus mal mit der Computersprache Basic verglichen. Bei einem Computer wird ja ein Bit durch einen Schalter repräsentiert, der An oder Aus sein kann. Ein Bit stellt aber für eine anspruchsvolle Programmierung einen so geringen Wert dar, dass man 8 Bits zu einem Byte und 2 Bytes zu einem Word (Wort) als Informationsträger zusammenfasste. Mit 16 Bits hat man nun die Möglichkeit, sehr viele Worte zu bilden und nur diese Worte sind für Basic relevant.

Für eine höhere Kommunikationssprache sind einzelne Bits einfach zu wuselig. Wenn man nun Elektromagnetismus als eine höhere Kommunikationssprache betrachtet, wird verständlich, warum die Planck-Konstante, also das elektromagnetische Informationsbit, kein fundamentales Bit ist, sondern eher als komplexes Byte verstanden werden sollte. Vielleicht war sich die Natur eines Brodelns im Untergrund bewusst, hervorgerufen etwa durch das ständige Entstehen neuer Kleinstwirkungen, dass sie dieses Rauschen bei ihrer so wichtigen elektromagnetischen Kommunikation unterdrücken musste.

Vielleicht lässt sich das damit vergleichen, was wir selbst wahrnehmen, wenn wir allein im tiefen Wald sind. Wir hören nur das, was für unsere Sicherheit relevant sein könnte, das Rauschen des Windes, das Knacken von Ästen oder das Rascheln im Gebüsch. Dagegen entgehen uns völlig fundamentale Vorgänge wie beispielsweise das Umgraben des Bodens durch Regenwürmer oder das Zersetzen von Schadstoffen durch Bakterien. Diese Vorgänge sind zwar lebenswichtig, aber nicht unmittelbar relevant.

Diese Interpretation hat aber weitreichende Folgen, die in der Natur scheinbar auch beobachtet werden können. Demnach ist h nur die Untergrenze dafür, dass eine Wirkung elektromagnetisch wahrgenommen wird, eine elektromagnetische Information darstellt. Das heißt aber nicht, dass kleinere Wirkungen nicht existieren und anderweitig wahrgenommen werden können.

Ein Beispiel ist die dunkle Materie, die zwar Gravitation bewirkt, aber nicht elektromagnetisch 'gesehen' werden kann. Ein weiteres Beispiel ist die Quantenverschränkung, wonach die Superposition von Quanten wohl möglich, aber eben auch nicht elektromagnetisch nachweisbar (unsichtbar) ist. Diese Beispiele könnten Hinweise auf das von mir favorisierte Kommunikationsmodell sein, dass natürlich automatisch ein offenes System impliziert. Teil dieses offenen Systems ist der Zufall, die begrenzte Vorhersehbarkeit der Zukunft und die Öffnung für Neues, den Charme des Lebens.

Wenn man zufällige Fehler als Motor des Universums betrachten möchte, muss man diese aber ganz deutlich von beabsichtigten Fehlern unterscheiden und trennen, denn letztere sind ein Produkt der menschlichen Psyche und dienen eher dem Betrug und der Manipulation, genau so wie das Beharren auf veralteten und überholten Ansichten und Annahmen.

Wenn Rationalität bedingt ist, sollten wir sie auch nur bedingt einsetzen. Die Dosis ist das Gift. Ich bin mir sicher, dass Rationalität und Emotionalität komplementär sind, beide lassen sich zwar nicht gleichzeitig realisieren, dennoch benötigen wir für unsere Kreativität beide. Und da schließt sich dann der Kreis dieser kleinen Abhandlung, denn Dogmen kann man ganz sicherlich nicht als kreativitätsfördernd einstufen.

Auch Evolution kann man als Zusammenspiel von zwei komplementären Prozessen, Wettbewerb und Kooperation, betrachten. Dabei werden natürlich Kooperationen wieder zu neuen Wettbewerbern und das Spiel beginnt von vorn, nur auf einer komplexeren Ebene. Nach der Systemtheorie kann man jede Kooperationsstufe als System begreifen, aber es macht schon Sinn, nicht jedes Konglomerat als System zu betrachten.

Vielleicht ist es hilfreich, nur solche Kooperationsformen als Systeme in Erwägung zu ziehen, die auch eine eigenständige Kommunikation haben.

Aber auch dann besteht die Möglichkeit, dass einige Systeme nur eine lokale, eine begrenzte Bedeutung und Verbreitung erlangen (z.B. der Mensch) und dass diesen Systemen daher eine ‚universelle' Stabilität nicht zugesprochen werden kann. Es ist wahrscheinlich, dass solchen Kooperationsformen nur eine begrenzte Lebensdauer beschieden ist und sie wieder in stabile Subsysteme zerfallen. „Lokale Erfolgsgeschichten müssen noch lange kein Welthit werden." Evolution beschreibt zwar prinzipiell die Entwicklung vom Einfachen zum Komplexen, garantiert aber nicht jeden einzelnen Bestand!

Der Begriff der Kooperation gibt schon einen deutlichen Hinweis auf eine Komplexitätszunahme und Emergenz. Im allgemeinen sind Kooperationen komplexer als ihre ursprünglichen Bestandteile, zudem erfordern sie meist auch eine neue Organisationsform, oftmals gekoppelt mit der Einführung einer neuen Hierarchiestufe, für die es zuvor überhaupt keine Notwendigkeit gab. Für diese neue Organisationsform gibt es keine Erfahrungswerte. In begrenztem Umfang kann man sich auf bekannte Strukturen beziehen, aber irgendwann muss man etwas Neues probieren und, wenn Erfahrungswerte fehlen, bleibt nur die Methode von ‚Versuch und Irrtum', ‚trial and error'.

Meine Vorstellung von Religion

Was nun für die Wissenschaft gilt, sollte auch gleichermaßen für Religion gelten. Man benötigt flexible Regeln statt starrer Dogmen. Ein Beispiel dafür ist die Weisheit des Konfuzius, die man auch in der Eingangshalle des UNO-Gebäudes in New York findet:

**Don't do onto others what you
don't want them to do onto you**

Allerdings setzt diese Regel ein Mindestmaß an Bildung, Objektivität und Toleranz voraus. Bei Fanatismus, unreflektiertem Fundamentalismus und Intoleranz ist diese flexible Regel natürlich zum Scheitern verurteilt. Dafür könnte diese Regel aber je nach Auslegung sechs oder sieben unserer zehn Gebote problemlos ersetzen. Das Feiertagsgebot wird in modernen Gesellschaften zwar flexibler gehandhabt, aber zumeist sogar weitläufig überschritten. Über das erste Gebot habe ich mich schon an anderer Stelle geäußert. Es bleibt eigentlich nur noch die Frage offen, ob es aus Einfalt oder für Einfalt kreiert worden ist? Das oder die beiden, je nach Auslegung, verbleibende(n) Gebot(e) sind natürlich an das erste Gebot gekoppelt.

Diese eine flexible Regel, die Weisheit des Konfuzius, kann problemlos die Mehrzahl der zehn Gebote, die man eigentlich ja Verbote nennen sollte, ersetzen und nicht nur das. Auf Grund dieser Flexibilität ergeben sich noch einige Spielräume, die bei veränderten gesellschaftlichen Strukturen eine gewisse Anpassungsfähigkeit gewährleisten.

Religiöse Themen beinhalten Glaube, Liebe und Hoffnung, die sich einer wissenschaftlichen Betrachtung und Definition entziehen müssen. Dabei ist meiner Meinung nach der

Glaube der am wenigsten verständliche Begriff. Ich selbst verstehe Glauben als das innere Wissen um etwas, was man nicht wissenschaftlich beschreiben, erklären oder beweisen kann. Wirklicher Glaube ist ein hohes Gut, darf aber keinesfalls mit dem Homonym, das sich auf Vermutungen bezieht verwechselt oder vermischt werden. Insbesondere ist das Festhalten an, vorsichtig ausgedrückt, nicht mehr zeitgemäßen Dogmen kein wirklicher Glaube, sondern eher ein Maß von (manipulierter) Starrheit oder Dummheit. Die Zukunft ist offen, Nichts ist für die Ewigkeit (außer dem Nichts), also auch kein Dogma.

Nach den vorangegangenen Ausführungen ordne ich Religion dem emotionalen Bereich, den Qualitäten und Gefühlen zu. In diesem Kontext macht ein personifizierter oder namentlicher Gott überhaupt keinen Sinn. Gott ist nicht rational und damit ist ein Gottesbeweis, wie er im Mittelalter gesucht wurde, oder überhaupt eine Vorstellung von Gott in keiner Weise angemessen. Schon die Fokussierung der Religionen auf einzelne Personen wie beispielsweise Moses, Jesus, Buddha oder Mohammed lässt sich nur geschichtlich rechtfertigen. Geschichte gehört aber in den Bereich der Wissenschaften und sollte daher eigentlich Religion gar nicht tangieren. Begriffe wie Nächstenliebe oder Barmherzigkeit sind Qualitäten, die nichts, aber auch gar nichts mit einer speziellen Person zu tun haben. Ist christliche Nächstenliebe etwas anderes als buddhistische Nächstenliebe? Wenn es so sein sollte, dann muss ich etwas falsch verstanden haben!

Das unterschiedliche Religionen verschiedene ethnische, kulturelle und geschichtliche Wurzeln haben, ist unbestreitbar. Aber wir leben jetzt im 21. Jahrhundert, die Welt ist vernetzt, es gibt praktisch einen globalen Maßstab für Menschlichkeit und wir haben eine UNO-Charter für Menschenrechte. Fast jeder Begriff ist bei Wikipedia definiert und erklärt, eine individuelle Interpretation ist deshalb aber nicht ausgeschlossen. Aufgabe der Religion sollte nicht eine wortwörtliche Vergangenheitsbewältigung sein, sondern die Verbreitung qualitativer Richtlinien und Regeln für Gegenwart und Zukunft.

Religion soll oder darf nicht mit Wissenschaft konkurrieren, sondern muss dort ansetzen, wo Wissenschaft versagt oder versagen muss, dort wo auch die Rationalität ihre Grenzen hat. Theologie sollte der Wissenschaft nicht widersprechen, das ist Aufgabe der Wissenschaft selbst, sondern sie sollte sie ergänzen. Dabei ist die Frage nach der Existenz Gottes völlig irrelevant. Schon in meiner Kindheit hatte ich die Vorstellung, dass Gott das ist, was ich nicht verstehen oder erklären konnte. Daran hat sich im Laufe der Jahre eigentlich nichts geändert und ich bin mir ziemlich sicher, dass das ‚Unerklärliche' im Fortgang meiner Jahre nicht weniger geworden ist. Mein Verständnis hat sich geändert, aber jedes neue Wissen zieht unweigerlich neue Fragen nach sich, so wie man es in einem offenen Universum erwarten sollte.

Die drei christlichen Grundqualitäten Glaube, Liebe, Hoffnung kann man in dieser Reihenfolge stellvertretend für Vergangenheit, Gegenwart und Zukunft betrachten. Die Vergangenheit ist in unseren Genen verankert, ohne dass wir einen bewussten Zugriff darauf haben. Liebe ist der Motor im Jetzt und ohne Hoffnung wäre keine Zukunft erstrebenswert. Die Vergangenheit können wir nicht ändern, wir können nur versuchen, sie zu verstehen und aus ihr zu lernen. Deshalb hat uns wohl die Evolution mit einem brauchbaren Gedächtnis ausgestattet. Die Weichen für die Zukunft werden jetzt, in der Gegenwart gestellt, in diesem flüchtigen Moment, der so kurz und doch so entscheidend ist. Wohl daraus resultiert die so herausragende Bedeutung der Liebe. Liebe ist der Antrieb für Kooperationen und damit die Schöpfung von etwas Neuem.

Sinnbild des Neuen, des Zufälligen und des Wandels ist wohl die Geburt. Geschwister sind, obwohl sie die gleichen Eltern haben, nicht gleich. Besser lässt sich Zufall nicht beschreiben. Dagegen ist der Tod notwendig und bezeichnet eher eine Verengung denn eine Erweiterung des Horizonts. Dieser Tatsache wurde ich mir so richtig bewusst, als ich vor kurzem das Krippenmuseum von Freunden in Stein am Rhein besuchte (www.krippenwelt-ag.ch).

Könnte nicht die Krippe ein weltumspannendes religiöses Symbol sein, das Symbol für Nächstenliebe, Fürsorglichkeit und Verantwortlichkeit? Das Museum zeigt Krippen aus allen Teilen der Welt, aus verschiedenen Kulturen und allen ist ein Ereignis gemein, eine Geburt, die unser Leben bereichert, auch weil sie die Entstehung von etwas Neuem symbolisiert. Ganz allgemein kann man die Geburt als Symbol des Lebens und der Kreativität betrachten und eine Krippe als Symbol der Geburt, ein Symbol des Weiterlebens, der Evolution schlechthin.

Mein Bild der Welt

> Wenn wir voraussagen könnten,
> was wir wissen werden, wüssten wir es bereits.
>
> Karl Popper

Da Wirklichkeit als Bild in unseren Köpfen zu verstehen ist, möchte ich zum Abschluss meines Credos das Bild der Welt in meinem Kopf zeichnen.

Die Schöpfung hat nicht stattgefunden, sie findet statt. Die Welt ist also ein schöpferisches Universum. Der Urstoff der Welt ist Information oder Wirkung, beide sind äquivalent. Information hat einen Quantencharakter und ist komplementär, denn Information oder Wirkung beruht auf dem Austausch zwischen Partnern. Betrachtet man Information als den Urstoff, erübrigt sich die Suche nach der Antimaterie.

Da in einem schöpferischen Universum die Informationen zunehmen, muss auch die Energie des Universums zunehmen. Als Beleg dafür kann man die Hubble'sche Rotverschiebung deuten. Je weiter man ins Universum blickt, desto weiter schaut man in die Vergangenheit zurück, also in eine energieärmere Welt. Damit ist die Urknalltheorie hinfällig, zumal sie sich auf einen Energieerhaltungssatz beruft, der aber wohl der wissenschaftlichen Forderung nach Reproduzierbarkeit entspringt. Die Forderung nach Reproduzierbarkeit schließt ein offenes System von vorne herein aus. Physik ist somit die Wissenschaft räumlich und zeitlich begrenzter Systeme, also wo und wenn Energieerhaltung angenommen werden kann.

Wenn man an einem Heiligtum wie dem Energieerhaltungssatz rüttelt, gerät man automatisch in Erklärungsnot. Hilfreich ist dabei die Tatsache, dass es sich beim Energieerhaltungssatz nicht um ein physikalisches Gesetz handelt, sondern um einen Erfahrungssatz, der bisher experimentell nicht widerlegt werden konnte. Eine Erklärung dafür könnte durchaus die Rotverschiebung ferner Galaxien bieten. Bei Wikipedia findet man, dass die Galaxie UDFy-38135539 eine Rotverschiebung von 8,6 besitzt und ca. 13 Milliarden Lichtjahre entfernt sein soll. Der Faktor der Rotverschiebung ist dabei letztlich eine Prozentangabe, die angibt, um wie viel die Wellenlänge des Lichts verlängert ist (ins Rote verschoben).

Nach meiner Vorstellung würde das aber auf eine geringere Frequenz und somit auch um diese Prozentpunkte kleinere Energie in der Vergangenheit hinweisen. Da diese Angaben natürlich mit einem gewaltigen Unsicherheitsfaktor belastet sind, möchte ich die Zahlen vereinfachen und davon ausgehen, dass die Energie des Universums in den letzten 10 Milliarden Jahren um 10% zugenommen hat, der tatsächliche Wert sollte um einiges geringer sein, also 1% pro 1 Milliarde Jahre! Wenn man nun bedenkt, dass physikalische Experimente eher in Zeiträumen von Stunden oder Tagen durchgeführt werden, erkennt man sofort, dass Energieänderungen des Universums in diesen Zeiträumen verschwindend gering sind und sich jenseits der derzeitigen Messgenauigkeiten befinden.

Der Energieerhaltungssatz hat also in der Physik seine Berechtigung, nur sollte man sich eben davor hüten, räumlich und zeitlich begrenzte Gegebenheiten als universell gültig zu betrachten! Man kann den Energieerhaltungssatz als einen Filter, eine Vereinfachung oder Verallgemeinerung, betrachten, der bei der Lösung irdischer Aufgabenstellungen extrem hilfreich ist. Nur darf man nicht vergessen, dass man einen Filter benutzt, auch wenn dieser einem fantastische Resultate liefert. Gerade die Erfolge eines Filters lassen einen sein Vorhandensein vergessen, ein eher psychologisches Problem, wie es ja schon von Thorndike und Skinner beschrieben worden ist.

Das primäre Informationsquant ist die Ursache der Gravitation. Da nach allgemeiner Lehrmeinung die Gravitation um mehr als 30 Zehnerpotenzen kleiner ist als die elektromagnetische Wechselwirkung, deren Basis das elektromagnetische Informationsbit, die Planck-Konstante h ist, kann also das Informationsbit der Gravitation um diesen Wert kleiner sein und eine entsprechend größere Informationsgeschwindigkeit haben! Gravitationsinformationen sind somit im Universum praktisch simultan verfügbar (erklärt das EPR-Paradox). Einzelne Informationsbits der Gravitation werden uns aber experimentell in dieser Form zunächst unzugänglich bleiben, dazu sind sie zu klein und zu schnell. Einen Zugang bekommt man wahrscheinlich nur über Aussehen und Veränderungen des Gesamtbildes.

Das elektromagnetische Informationsbit, das Photon, lässt sich dann als Kopplung oder Synchronisation riesiger Mengen dieser primären Gravitationsbits verstehen, nämlich dann, wenn diese Menge den Wert der Planck-Konstante h erreicht. Durch diese Synchronisation reduziert sich dann aber die maximale Informationsgeschwindigkeit dieser gekoppelten Elemente, nämlich auf die Ausbreitungsgeschwindigkeit elektromagnetischer Wellen, die Lichtgeschwindigkeit c.

Da Photonen demnach eine riesige Menge primärer Informationsbits enthalten, ist auch die Verwendung einer Wahrscheinlichkeitsfunktion, wie sie von Erwin Schrödinger eingeführt wurde, gerechtfertigt. Die Verwendung von Wahrscheinlichkeiten macht umso mehr Sinn, je größer die anfallenden Datenmengen sind. Bei singulären Ereignissen sind Wahrscheinlichkeiten sinnlos (Schrödingers Katze). Auch lässt sich der Wellencharakter einer Wahrscheinlichkeitsfunktion nachvollziehen und somit das berühmte Doppelspaltexperiment verstehen. Wenn man Photonen als Synchronisationen primärer Informationen betrachtet, dann lässt diese Deutung natürlich ganz unterschiedliche Synchronisationen zu, die Möglichkeiten von Quantensuperpositionen (oder Quantenverschränkungen) sind dann vielfältig.

Da derzeit die höchstauflösenden Detektoren auf elektromagnetischer Basis arbeiten, können wir Informationen und Wirkungen nur detektieren (,sehen'), wenn sie „elektromagnetisch gekoppelt" sind. Kleinere Wirkungen, die vermutlich die Mehrheit des Universums ausmachen, können wir also nicht sehen, erscheinen uns demnach „dunkel". Damit ist eine Erklärung für die dunkle Energie oder Masse gegeben.

Wenn meine Deutung der Hubble'schen Rotverschiebung richtig ist, muss man Physik und Kosmologie trennen. Für die Physik ist der Energieerhaltungssatz relevant, für die Kosmologie nicht. Dann ist natürlich die Urknalltheorie mit ihren Folgen hinfällig. Das führt allerdings zum nächsten Problem. Die Frage „Warum ist der Himmel dunkel?" wurde bisher mit der Expansion des Universums beantwortet. Weiter entfernte Galaxien entfernen sich schneller, so dass uns irgendwann deren Licht nicht mehr erreichen kann. Diese Erklärung basiert natürlich auf der Urknalltheorie und wenn diese ungültig ist, muss eine andere Erklärung gefunden werden.

Was liegt da näher, als sich mit dem Wesen der Photonen selbst zu befassen. Photonen oder Elektromagnetismus ganz allgemein kann man als Kommunikation elektrischer Ladungen betrachten, also als Kommunikation zwischen positiv geladenen Atomkernen und deren negativ geladener Hülle (Elektronen). Das einfachste Atom, das diese Komponenten besitzt, ist das Wasserstoffatom. Photonen sind also an die Existenz von mindestens Wasserstoff gekoppelt. Wenn nun aber in einem evolutionären Universum Wasserstoff bereits eine gehobene Komplexitätsstufe darstellt, ist in einem älteren Universum natürlich noch gar kein Wasserstoff vorhanden und folglich muss dieses Universum mit einer elektromagnetischen Betrachtungsweise dunkel erscheinen. Die Existenz von Wasserstoff ist gewissermaßen die Bedingung dafür, dass wir etwas im Universum sehen können aber nicht die Bedingung für das Universum selbst.

Für Information gelten die grundlegenden Regeln der Evolution. Damit Informationen nicht aussterben, müssen mehr Informationen entstehen als verschwinden. Auch für Informationen gelten die Regeln von Wettbewerb und Kooperation. Wettbewerb ist dabei der Motor, der Stillstand verhindert und Kooperation zeichnet den Weg zu höherer Komplexität. Da das Ganze mehr ist als die Summe seiner Teile, entsteht durch diesen Prozess ständig Neues. Insbesondere ermöglichen größere Kooperationen die Bildung größerer Gedächtnisleistungen und damit wiederum die Möglichkeit, Informationen besser bewerten und vergleichen zu können. Das ist aber wiederum eine Grundbedingung des Wettbewerbs, bei dem es sich ja um das Erzielen relativer Vorteile handelt. Man kann natürlich nur von einem relativen Vorteil sprechen, wenn dieser auch wahrnehmbar ist.

Wettbewerb und Kooperation stehen in ständiger Wechselwirkung, wobei jeweils das eine das andere beflügelt. Der Prozess ähnelt dem der Dialektik von These, Antithese und Synthese, wobei die Komplexitätszunahme auf der Rückkopplung der Synthese zur neuen These beruht. Diese für die Evolution notwendige Rückkopplung lässt sich mit einem geschlossenen System nicht vereinbaren. Auch Logik beruht auf den gleichen Schemata und Gödels Satz ist ein Beleg dafür, dass Logik kein geschlossenes System sein kann.

Von einem evolutionären Gesichtspunkt kann man Kopplung oder Synchronisation als eine Form von Kooperation deuten. Demzufolge lässt sich der Elektromagnetismus und Photonen als komplexe Informationseinheiten deuten. Höhere Komplexität geht aber zumeist mit einer Abnahme der Freiheitsgrade der einzelnen Individuen einher, nichts anderes bewirkt ja schließlich Kopplung oder Synchronisation.

Da in einem Informationsmodell Masse gar nicht in Erscheinung tritt, sondern nur Information und Kopplung, müsste man also Masse als extrem stark gekoppelte Information betrachten. Bildlich stellt sich sich dann Materie als kondensierte oder eingefrorene Information dar. Aus Sicht der Evolution macht es Sinn, erfolgreiche Kooperationen langfristig zu erhalten und Materie hat eine vergleichsweise sehr , sehr lange Lebensdauer.

Ein auf Informationen basierendes offenes Universum, wie ich es in meinem Bild der Welt vorgestellt habe, ist nur mit einem Paradigmenwechsel zu verstehen. Der Urstoff des Universums sind Informationen und diese vermehren sich nach den Gesetzen einer allgemeinen Evolutionstheorie. Der Energieerhaltungssatz gilt nur näherungsweise in zeitlich und räumlich begrenzten Bereichen. (Lokale Erfolgsgeschichten müssen noch lange kein Welthit sein.) Der Schlüssel zum Ganzen liegt vielleicht im Verständnis der Gravitation. Allerdings erscheint der elektromagnetische Nachweis von Gravitonen eher unwahrscheinlich!

Der Inhalt dieser Abhandlung und die zentralen Gedanken lassen sich auf wenige Prinzipien reduzieren:

1. Der „Urstoff" der Welt ist Wirkung oder Information (nicht Masse oder Energie). **Wirkung und Information sind äquivalent.**

2. Der Wirkung oder Information ist Komplementarität inhärent. Information oder Wirkung macht nur Sinn, wenn sie ausgetauscht werden kann. Damit erübrigt sich die Suche nach der Antimaterie!

3. Information oder Wirkung kann aus dem Nichts entstehen und wieder verloren gehen. Grundlage unserer Welt ist die Tatsache, dass die Reproduktionsrate von Information oder Wirkung größer als 1 ist. **Für die Entstehung und Entwicklung einer Welt muss mehr Information entstehen als vergehen (1. Evolutionsprinzip).** Der Energieerhaltungssatz gilt nur für begrenzte Bereiche.

4. Wenn Information oder Wirkung so stark gebündelt ist, dass es die Größe der Planck-Konstante h erreicht, dann ist diese elektromagnetisch „sichtbar". Man kann Elektromagnetismus als eine höher komplexe Informationsform betrachten und **Evolution beschreibt die Entwicklung vom Einfachen zum Komlexen (2. Evolutionsprinzip).** Es gibt also „dunkle" Wirkung oder Information und damit erübrigt sich die Suche nach der dunklen Energie oder Masse. Da Photonen keine Ruhemasse haben, kann man sie als „semiflüchtig" betrachten. Dieser Vorstellung folgend lässt sich Masse als „nicht flüchtige" Information deuten. Es muss auch Ziel der Evolution sein, wichtige Informationen nicht so leicht zu verlieren (weitere Erhöhung der Komplexität). Vielleicht sollte das Teilchenmodell der Physik überdacht werden?

Abstract II

Am Beispiel des Planck'schen Wirkungsquantums habe ich gezeigt welchen Einfluss die Interpretation einer physikalischen Grundgröße auf unser Weltbild haben kann. Betrachtet man es als universelle Naturkonstante, kommen dabei Spielereien wie die Stringtheorie oder das Teilchenmodell der Festkörperphysik heraus. Dann werden plötzlich eine Planck-Länge oder eine Planck-Zeit zu faszinierenden Größen.

Betrachtet man das Planck'sche Wirkungsquantum, so wie ich es am Ende dieser Abhandlung dargestellt habe, dagegen als Schwellenwert oder Rauschgrenze einer elektromagnetischen Kommunikation, dann wird zumindest deutlich, dass eine vereinheitlichte physikalische Theorie auf Basis des Elektromagnetismus (h,c) eher unwahrscheinlich ist. Um es deutlich zu machen, der Elektromagnetismus ist zwar eine bedeutende, aber eben nur <u>eine</u> von vielen möglichen Kommunikationsarten im Universum. Noch dazu setzt er das Vorhandensein von Atomkernen, Elektronen und Photonen, also schon ein gehobenes Komplexitätsniveau, voraus. In einer Analogie zu Computersprachen könnte man ihn vielleicht mit Basic vergleichen, das auch auf komplexeren Elementen als einzelnen Bits beruht.

Zunächst wurde das Planck'sche Wirkungsquantum als eine Grundannahme, gewissermaßen als Dogma, eingeführt. Im Verlauf der Überlegungen wurde dieses Dogma dann immer mehr relativiert und letztendlich blieb davon eine Randbedingung elektromagnetischer Kommunikation. Die Planck-Konstante besagt lediglich, dass wir Wirkungen, die kleiner als h sind, nicht elektromagnetisch „sehen" können. Eine ähnliche Entwicklung lässt sich für den Energieerhaltungssatz nachvollziehen. Aus einem Dogma der Physik wird bei genauerer Betrachtung eine Randbedingung geschlossener Systeme oder vielleicht besser eine Bedingung einer althergebrachten wissenschaftlichen Arbeitsweise. Der Energieerhaltungssatz ist somit eine Folge traditioneller Wissenschaftlichkeit.

Das Planck'sche Wirkungsquantum und den Energieerhaltungssatz kann man als Thesen betrachten, von denen man zunächst annimmt, dass sie universelle Gültigkeit besitzen. Bei einer weiterführenden Betrachtung (Antithesen) erkennt man dann ihren begrenzten Geltungsbereich. Das heißt aber nicht, dass die ursprünglichen Thesen falsch sein müssen, im Gegenteil. Sie sind schon richtig, aber eben nur in einem vorgegebenen Bereich und nicht universell.

Die Wahrscheinlichkeitsinterpretation der Quantenphysik legt den Schluss nahe, dass es unterhalb des elektromagnetischen Quantenniveaus weitere Energieniveaus geben muss, die sich der menschlichen Wahrnehmung entziehen, da wir Menschen ein sehr spätes Produkt der Evolution sind und diese sehr energiearmen Informationen für unser Überleben vermutlich ohne Belang sind. So gelange ich zu einer Hypothese, einer neuen These, zu einem neuen Dogma, aber wohl wissend, dass auch diese These eines Tages durch eine neue These ersetzt werden wird. Ein Glück, denn sonst wäre ja unsere Kreativität am
Ende.

Epilog

Ausschlaggebend für meine Gedankengänge ist die Tatsache, dass ich keinen Weg gefunden habe, Schöpfung und Evolution einerseits und Energieerhaltung andererseits auf vernünftige Weise zu verknüpfen. Schöpfung und Evolution beschreiben das Werden unserer Welt, während die Physik mit ihrer Energieerhaltung tatsächlich nur den Ist-Zustand, also das Sein unserer Welt, zu erklären versucht bzw. erklären kann.

Evolution beschreibt die Entwicklung vom Einfachen zum Komplexen. Damit diese auch auf den untersten Ebenen ausgeführt werden kann, sollte ihr Konzept sehr einfach sein. Dagegen beschreibt Physik den Ist-Zustand einer sehr komplexen Welt und bedient sich deshalb auch sehr komplexer mathematischer Gleichungen und Gleichungssysteme. Mit Hilfe der höheren Mathematik lässt sich die Welt fast beliebig genau beschreiben, erfordert dafür aber eben auch eine hochkomplexe Mathematik. Aber genau diese ist ein Produkt der Evolution, der kulturellen Evolution, die aber wiederum hochentwickelte Gehirne, also eine schon sehr komplexe biologische Evolutionsstufe, voraussetzt. Es ist mir schlicht unverständlich, wie diese höhere Mathematik in einem früheren Universum, das z.B. nur aus Wasserstoff bestand, realisiert werden konnte und warum diese überhaupt nötig gewesen sein sollte.

Wissenschaftler haben sich darauf ‚geeinigt', das Alter des Universums mit 13.7 Milliarden Jahren zu beziffern. Ein wenig erinnert mich das an ein Erlebnis, das ich als junger Manager in der Erdölindustrie in Saudi-Arabien hatte. Bei der Ablösung eines Kollegen stand der Besuch der wichtigsten Ansprechpartner bei der Erdölfirma (ARAMCO) auf dem Programm. Zum Abschluss zeigte uns der leitende Lagerstätteningenieur eine Messung unserer Firma, die zur Feststellung des aktuellen Öl-Wasser Kontakt einer produzierenden Bohrung durchgeführt worden war. Da diese Messung keinen offenkundigen Hinweis auf diesen Kontakt deutlich machte, bat er uns um unsere persönliche Einschätzung. Das Problem schien sehr komplex zu sein und während ich noch überlegte, zeigte mein Kollege auf einen Punkt: „Da ist er". Der Kunde bedankte sich, ohne dass mir sein ironisch-zweifelnder Blick entging, und verabschiedete uns. Auf der Rückfahrt fragte ich meinen Kollegen, wie er zu seiner Einschätzung gekommen sei und seine Antwort war einfach: „Der Kunde wollte eine Antwort und ich habe sie ihm gegeben!"

Dieser Satz ist mir mein Leben lang im Gedächtnis geblieben. Er widerspricht so sehr meiner eher sokratisch geprägten Denkweise, aber entspringt dennoch einem typisch menschlichen (und tierischen) Phänomen, Kompetenz vorzutäuschen. Da ich noch einige Monate guten Kontakt zu diesem Kunden hatte, erfuhr ich schließlich auch die richtige Erklärung für diese zunächst merkwürdig erschienenen Messergebnisse. Bei einer Bohrung in die Erdoberfläche reist man gewissermaßen in die Vergangenheit. Tiefere Schichten sind als Folge von Erosion gewöhnlich älter als die darüber liegenden. Aber es gibt durchaus Ausnahmen, wenn geologische Verwerfungen durch Plattentektonik oder vulkanische Aktivitäten hervorgerufen wurden. In solchen Bruchzonen kann es ganz komplizierte geologische Muster geben und genau so eine komplexe Geologie lag gerade bei dieser Bohrung vor. In einem produzierenden Feld wird das produzierte Öl durch Wasser ersetzt und dieses folgt dem vorhandenen Schichtverlauf und wurde daher bei der Messung bei verschiedenen Tiefen registriert. Ohne eine exakte Kenntnis der geologischen Strukturen war eine Bewertung dieser Messergebnisse gar nicht möglich. Später erzählte mir der

Kunde, dass er sich bei seiner Frage dieser Situation bewusst war und eigentlich nur unser Verhalten testen wollte. Glücklicherweise hatte ich seinen Test bestanden, was die zukünftige Zusammenarbeit enorm erleichterte. Bei dieser Gelegenheit erzählte er mir auch, dass ihn mein Kollege häufiger mit solchen vorschnellen Beurteilungen irritiert hatte.

Ähnliche Irritationen verspüre ich auch selbst immer wieder, wenn ich mit Äußerungen oder Ergebnissen konfrontiert werde, die eigentlich nur eine einzige Sichtweise (z.b. der Physik) in Betracht ziehen und alle anderen Einflüsse oder Betrachtungsweisen in keiner Weise berücksichtigen.

In seinem Roman ‚Sofies Welt' schreibt Jostein Gaarder: *„Die Fähigkeit, uns zu wundern, ist das Einzige, was wir brauchen, um gute Philosophen zu werden."* Ziel der Rationalität ist es aber gerade dieses ‚sich wundern' zu verdrängen, weshalb wohl Max Weber auch von ‚Rationalität und Weltentzauberung' spricht. Sollte das Universum wirklich 13.7 Milliarden Jahre alt sein, dann hätten wir wohl unsere Welt tatsächlich rational entzaubert und die Zeit der Philosophen und des ‚sich wundern' wären dann für immer vorbei.

Wie holprig allerdings der Weg zu unserem heutigen Erkenntnisstand war, hat beispielsweise Mario Livio in seinem sehr aufschlussreichen Buch: „Brilliant Blunders" aufgezeigt. Am Beispiel von fünf begnadeten Wissenschaftlern (Charles Darwin, Lord Kelvin, Linus Pauling, Fred Hoyle und Albert Einstein) zeigt er, dass auch den hervorragendsten Geistern gravierende Fehleinschätzungen unterlaufen sind. Aber sind es nicht genau diese Fehler, diese geradezu genialen Fehleinschätzungen auf denen unser heutiges Wissen beruht? Und genau diese genialen Fehler sind Produkte des <u>Zufalls</u>, denn sie werden <u>nicht</u> absichtlich gemacht. Absichtliche Fehler dienen meist der Manipulation oder Irreführung und lassen sich sogar rational erfassen. Dagegen sind unbeabsichtigte Fehler <u>nicht</u> rational erfassbar, aber genau diese sind oftmals der Motor für neue Entwicklungen!

Ein Epilog erscheint mir daher unvollkommen, ohne in Betracht zu ziehen, dass auch meine Vorstellungen ganz simple Fehleinschätzungen sein können. Nur geht es bei einem Modell nicht wirklich um richtig oder falsch, ein Modell kann nicht richtig sein, nur mehr oder weniger brauchbar, sondern um seine Einfachheit und Plausibilität. Information als Urstoff zu betrachten macht Sinn, denn alle unsere Vorstellungen und Gedanken beruhen nun einmal auf Informationen. Dass es sich bei Materie um fast unveränderliche Information handelt, ist kaum bestreitbar. Den Prozess zu entdecken, der zur Materialisierung von Informationen führt oder führen könnte, sehe ich als eine der spannendsten Aufgaben zukünftiger Forschung. Deshalb habe ich einige Thesen und Fragen formuliert, über die ein ‚sich wundern' lohnen könnte.

1. **Leben**, in einer verallgemeinerten Form, kann man als einen Prozess verstehen, bei dem Informationen erzeugt, gespeichert, abgerufen, verarbeitet und vervielfältigt werden können – die Ähnlichkeit mit einem Stoffwechselprozess ist gegeben. Im Moment reduzieren wir Leben auf biologisches Leben. Dieses zeichnet sich dadurch aus, dass es typisch menschlichen Zeitvorstellungen entspricht. Was unserem Zeitempfinden nicht zusagt, wird als tot betrachtet (Physik als Wissenschaft der toten Materie).

2. Für eine Wirkung, **Information** ist physikalisch nur der Abstand, also eine Raumdimension maßgeblich. Wenn wir un-

serem Raum, unserem Universum drei räumliche Dimensionen zuordnen, dann gibt das dem Raum zumindest die Fähigkeit zum Stoffwechsel. Die Entstehung eines solchen ‚lebendigen Universums', wie es schon Paracelsus postuliert hat, lässt sich daher besser mit den Vorstellungen der Biologie als der Physik erklären. Eine Einführung oder Forderung weiterer Dimensionen ohne eine Erklärung für deren Nutzen und ohne deren tieferes Verständnis ist eher Spielerei.

3. Wenn die drei Raumdimensionen gar nicht eindeutig miteinander verknüpft sind und der ‚Raum' gar kein festes Koordinatensystem vorgibt, wie kann man dann **Veränderung** beschreiben? Wenn man Zeit als ein Maß der Veränderung betrachtet, muss man dann nicht auch den drei ‚Raumkoordinaten' drei ‚Zeitkoordinaten' zuweisen? Ist dabei nicht die Reduzierung auf eine Zeit als vierte Koordinate zu eng gegriffen? Vielleicht beruht unser Missverständnis der Zeit schon darauf, dass wir den Raum gar nicht verstehen? Auf der Erde haben wir ein sehr gutes, oder besser sehr nützliches geometrisches Bild des Raums entwickelt. Aber lässt sich dieses Bild tatsächlich auf den gesamten Kosmos anwenden und auf Informationen, für die nur der Abstand ausschlaggebend ist? Zudem basiert unser Verständnis des Raums und seine mathematische Beschreibung auf Symmetrien, die aber für einen offenen Raum, für ein offenes Universum irrelevant sind. Wir können zwar das für uns sichtbare Universum, selbst wenn es einer stetigen Erweiterung unterworfen ist, als einen quasigeschlossenen Raum betrachten, für den auch Symmetrieeigenschaften gültig sind. Wenn man aber den Kosmos als offenes System betrachtet, sind für diesen symmetrische Vorstellungen gänzlich unangebracht!

4. Beruht nicht die scheinbare **Unvereinbarkeit** von allgemeiner Relativitätstheorie (ART) einerseits und Quantenphänomenen andererseits auf einem rationalen Denkfehler? Die ART geht von der Annahme aus, dass es im Universum keinen ‚ausgezeichneten' Punkt gibt, sondern alle ‚Sichtweisen' äquivalent sein müssen. Dagegen lässt sich bei der Erklärung von Quantenphänomenen gerade der Beobachter nicht vernachlässigen, im Gegenteil ist er fundamentaler Bestandteil. Einfach ausgedrückt: die ART will keinen prädestinierten Beobachter, Quantenphänomene benötigen aber genau diesen. Beide Sichtweisen sind also komplementär und können somit gar nicht miteinander vereinbar sein!

5. **Kommunikationsgeschwindigkeit** sollte dem Abstand der Kommunikationspartner angemessen sein und von der zu übertragenden Energie abhängen. Meine These: Je größer die zu übertragende Energie, desto langsamer die Kommunikationsgeschwindigkeit. In den Anfängen unseres Universums, das nach meinen Vorstellungen sehr energiearm gewesen sein muss, sollten also extrem schnelle Kommunikationsgeschwindigkeiten vorgeherrscht haben. Erst im späteren Universum sind dann energiereichere Kommunikationsformen dazugekommen, die auch von uns Menschen wahrgenommen werden können. Da alle von uns Menschen entwickelten Sensoren im Grunde nur Verstärker der uns bekannten Kommunikationsformen sind, also unsere Sinne verstärken, wird es folglich sehr schwer sein, eine Kommunikation zu detektieren, deren Prinzip wir gar nicht kennen oder verstehen. Einstein ist demnach bei seiner Lichtgeschwindigkeit c davon ausgegangen, dass der Elektromagnetismus die energieärmste Kommunikationsform im Universum ist. (Das würde ich als ‚Brilliant Blunder' betrachten!)

6. Ist unsere **Rationalität** überhaupt in der Lage, unseren Erfahrungshorizont zu überwinden? (Eine altbekannte philosophische Fragestellung.) Informationen empfangen wir mit unseren Sinnen. Mit dem Gleichgewichtssinn haben wir sechs Sinne, von denen nur zwei als Fernsinne betrachtet werden (Sehen und Hören), wobei das Hören erdgebunden ist, da es eine Atmosphäre benötigt. Damit bleibt nur noch ein Sinn für den Kosmos, zumal uns Sinne für magnetische (Zugvögel) oder elektrische Felder (einige Fische) fehlen und nur technisch realisiert werden können. Sprengt der Kosmos nicht unseren Erfahrungshorizont, da unsere Sinne gar nicht für seine Beobachtung entwickelt worden sind, sondern für ein Überleben auf der Erde, als die Evolution schon in einem fortgeschrittenen Stadium war. Wird damit möglicherweise seine rationale Erklärung unmöglich und wir müssen unser Gefühl zu Rate ziehen?

7. **Evolution** beschreibt prinzipiell die Entwicklung vom Einfachen zum Komplexen, schließt aber nicht aus, dass lokale Komplexitäten nur begrenzte Lebensdauern haben können, da eine Zunahme der Komplexität oft auch eine Reduzierung der Stabilität bewirkt. „Evolution geht langsam (n)irgendwo hin."

8. Betrachtet man Informationen als den Urstoff der Welt, dann lässt sich **Bewusstsein** als das Konglomerat individueller Erfahrungen, also wahrgenommener und gespeicherter Informationen deuten. Bewusstsein ist somit das Produkt eines Gedächtnisses. Aus Sicht der Informationen lässt es sich als die Fähigkeit verstehen, Informationen zu speichern, zu verknüpfen, zu verändern und abzurufen. Nach dieser Vorstellung kann man also ohne weiteres auch einem sehr einfachen Gedächtnis schon ein einfaches Bewusstsein zuschreiben. Bewusstsein ist

also nicht nur höheren Entwicklungsstufen vorbehalten. Es ist daher eher menschlicher Überheblichkeit geschuldet, einem sehr einfachen Gedächtnis - wie dem Wasserstoffatom - ein Bewusstsein abzusprechen. Handelt es sich dabei nicht um eine ungerechtfertigte Diskriminierung? Wenn man Bewusstsein an eine bestimmte Komplexitätsstufe eines Gedächtnisses koppeln wollte, kommt Willkür ins Spiel. Ob man eine bestimmte Konstellation schon als Bewusstsein bezeichnet oder noch nicht, wäre dann eine reine Ermessensfrage. Bei dieser Betrachtungsweise müsste man auch dem Kosmos als ganzem ein Bewusstsein zuordnen, Geist wäre damit dem Kosmos inhärent und Gott ist dann nichts anderes als das Bewusstsein von allem, das kosmische Bewusstsein! Dieses ist aber einem ständigen Wandel unterworfen. (s. 10)

9. Diese gleichzeitige Entwicklung von Bewusstsein (Geist) und Gedächtnis (Materie), wie sie durch **Koevolution** beschrieben wird, ist letztlich mein zentraler Gedanke. Jede Gedächtnisverbesserung führt zu einer Bewusstseinserweiterung, aber nicht alles was gedacht werden kann, sollte auch gemacht werden. Genau da liegt die feine Grenze zwischen Genie und Wahnsinn. Auf einer bis an die Grenzen belasteten Erde gehören Selbstbeschränkung und Verantwortlichkeit für den gesamten Planeten für alle Menschen zur notwendigen Grundausstattung. Hier enden auch herkömmliche Religionen, Philosophien und Moral- und Ethikvorstellungen, die im Wesentlichen auf der Besonderheit des menschlichen Bewusstseins basieren. Haben nicht schon immer Menschen mit einem besser entwickelten Bewusstsein versucht, andere mit einem weniger ausgeprägten Bewusstsein zu manipulieren oder zu überzeugen?

10. Und **Gott** würfelt doch! Zumindest erscheint uns Menschen die Welt wie eine übermächtige Lotterie, aber ist es nicht gerade das, was den Charme des Lebens ausmacht? Als Teil des Ganzen wird es uns wohl immer verwehrt sein, das Ganze zu erkennen. Erleuchtung, kann uns wohl nur zuteil werden, wenn wir uns ganz und gar als Teil des Ganzen betrachten, ganz gegen unser angeborenes und zum Überleben notwendiges Bestreben uns von unserer Umwelt abzugrenzen.

Zusammenfassung meiner wichtigsten Thesen

I. Die Urknalltheorie ist falsch.

II. Energieerhaltung gilt in der Physik, aber nicht für eine evolutionäre Kosmologie.

III. Die Schöpfung hat nicht stattgefunden, sie findet statt.

IV. Zufall oder zufällige Fehler bewirken eine Energiezunahme. (Da Physik als exakte Wissenschaft Reproduzierbarkeit voraussetzt, also den Zufall nicht berücksichtigt, ist Energieerhaltung in der Physik selbstverständlich).

V. Die Welt ist ein lebendiges Wesen (Paracelsus).

VI. Gravitationsinformationen sind vermutlich um etliche Zehnerpotenzen kleiner und schneller als Photonen. Da wir Menschen aber ein spätes Produkt der Evolution sind, haben wir für die Gravitation keine Sensorik (außer unserem Gleichgewichtssinn) und müssen nach Hilfsmitteln suchen, um diese zu verstehen.

VII. Materie lässt sich als Informationscluster deuten.

VIII. Koevolution erklärt die parallele Entwicklung von Geist (Bewusstsein) und Materie (Gedächtnis).

Abstract III

Betrachtet man das Weltbild, wie es die modernen Wissenschaften zeichnen, dann wird diese Theorie in den meisten Fällen als in sich konsistent bezeichnet, dabei wirft es mehr Fragen auf als es beantworten kann:
Wo ist die fehlende Antimaterie?
Was ist die dunkle Materie?
Wie entstand Leben aus toter Materie?
Wie sah das Universum vor oder beim Urknall aus?
Warum gibt es und was ist Bewusstsein?
Ich habe nur fünf Fragen gelistet, die mir sofort einfallen und für die es keine offenkundigen Antworten gibt. Erkauft wird diese theoretische Konsistenz zudem mit einem Kosmos, der im höchsten Maße unwahrscheinlich ist. Sollte uns das nicht zu denken geben?

Wird es da nicht Zeit, ernsthaft über unsere Grundannahmen, Axiome und Dogmen nachzudenken? Ich habe diesen alten Vorstellungen ein anderes Modell entgegengestellt, das Informationen als die wesentlichen Elemente unseres Universums betrachtet. Die oben aufgeführten Fragen beantworten sich bei diesem Modell praktisch von selbst. Allerdings wirft dieses Modell eine ganz neue Frage auf:

Wie lässt sich die Materialisierung von Informationen erklären und welcher Prozess (Kooperation, Organisation, Synchronisation) könnte dafür verantwortlich sein? Koevolution erfordert die gleichzeitige, parallele Entwicklung von Geist (Bewusstsein) und Materie (Gedächtnis)! Information ist ohne Kommunikationspartner sinnlos!

Das Wesentliche kurzgefasst

Ich betrachte Information und Wirkung als äquivalent. Erstaunlich ist, dass neue Informationen durch „Fehler" entstehen: eine fehlerhafte Informationsübermittlung ist auch eine Information und sogar eine neue Information. Auf der Informationsebene gibt es daher keinen Erhaltungssatz. Wenn man Energieerhaltung für die Kosmologie aber in Frage stellt, dann kann man die Hubble'sche Rotverschiebung auch als Energiezunahme deuten (kein Doppler-Effekt). Auf fernste Galaxien angewendet, käme man auf einen Energiezuwachs von ca. 0,6% pro 1 Milliarde Jahre. Solch eine Energiezunahme würde sich bei physikalischen Laborexperimenten vielleicht in der 13. Nachkommastelle bemerkbar machen. Dafür steht aber z.Z. keine Messtechnik zur Verfügung.

Fazit: Energieerhaltung ist physikalisch, nicht aber kosmologisch vertretbar. Kosmologische Energieerhaltung ist aber der Kern der Urknalltheorie und damit der Hochenergiephysik (CERN), der Stringtheorien, der Inflationsmodelle... Wenn man an diesen Vorstellungen rüttelt, muss man einen Sturm der Ablehnung bei all den Laureaten erzeugen, die ihre Meriten (einschließlich Nobelpreise) auf Grundlage dieses (falschen?) Dogmas erworben haben.

Ein evolutionäres Modell des Kosmos erklärt diesen als Entwicklung vom Einfachen zum Komplexen. Evolution basiert auf drei Bausteinen: Wettbewerb, Kooperation und Unbestimmtheit. Wettbewerb ist sowohl Motor als auch Auswahlkriterium, benötigt aber ‚Gedächtnis'. Ein besseres Gedächtnis macht einerseits einen komplexeren Wettbewerb möglich, bietet dem Besitzer aber auch einen gehörigen Wettbewerbsvorteil! Kooperation erzeugt Komplexität und damit Wettbewerbsvorteile und das Ganze ist mehr als die Summe seiner Teile, die Voraussetzung für Emergenz, Autopoiesis... und ein Grund für Unbestimmtheit. Der andere Grund der Unbestimmtheit liegt im Wesen des einzelnen Informationsbits(quants). Ein einzelner Münzwurf hat die größtmögliche Unbestimmtheit von 50:50, wobei wir allerdings die a priori-Wahrscheinlichkeit nicht kennen, sondern erst ermitteln müssen. Diese a priori-Wahrscheinlichkeit ändert sich auch dann nicht, wenn Zahl oder Kopf bereits zehnmal gekommen ist. Dieses Modell ist Grundlage für das Verständnis des radioaktiven Zerfalls. Unbestimmtheit ist ein bereichsübergreifendes Phänomen: Biologie (Darwin), Physik (Heisenberg), Mathematik (Gödel), Soziologie...

In einem evolutionären Kosmos ist Wasserstoff und damit auch Elektromagnetismus bereits eine höhere Komplexitätsstufe, aber Voraussetzung für ein (für uns) sichtbares Universum. Es muss also auch Information, Materie geben, die noch nicht diese Komplexitätsstufe hat (dunkle Materie). Wir Menschen sind ein viel, viel späteres Produkt der Evolution und das Sehen (EM) hat unsere Entwicklung maßgeblich geprägt. Da wir inzwischen den EM ziemlich gut verstanden haben, versuchen wir ähnliche Vorstellungen auch auf andere Wechselwirkungen anzuwenden und ihnen einen universalen Status zuzuschreiben. Gravitation und Kernkraft beruhen vermutlich auf ganz anderen Mechanismen.

Da die Mathematik wiederum einer noch viel höheren Evolutionsstufe zugerechnet werden muss, ist diese zwar für die Erklärung eines komplexen Universums sinnvoll, nicht aber für dessen Entstehung und unnötig für ein einfaches Uruniversum. Eine mathematische Funktion des Lebens ist eigentlich nur die e-Funktion – und diese scheint irgendwie mit jeglicher Form von Erhaltung inkompatibel!

Eine kleine Geschichte der Welt

Am Anfang war das Nichts. Dieses Nichts war vollkommen, es herrschte totale Ordnung, Gleichmäßigkeit, Ausgeglichenheit, Zeitlosigkeit – dieses Nichts war schlichtweg das Paradies, zeitlos und unendlich. Aber irgendwann einmal gab es in diesem Nichts eine Störung, sie war einfach da, aber weiß Gott warum!

Diese Störung war letztendlich ein Fehler, ein Fehler im System, ein Störenfried, den es zu beseitigen galt – aber wie? Wenn man im Grunde genommen keine Erfahrung mit Störungen hat, bleibt eigentlich nur der Versuch – und der mögliche Irrtum! Anscheinend zieht sich dieses Prinzip wie ein roter Faden durch die Geschichte unserer Welt: trial and error! Haben wir heute nicht das gleiche Problem? Wir empfinden eine Unordnung, eine gewisse Unbehaglichkeit und versuchen diese Ordnung wiederherzustellen. In Unkenntnis der tatsächlichen Sachlage versuchen wir Fehler zu kompensieren, indem wir andere, und manchmal auch neue Fehler machen. Das ist aber absolut normal, denn der Fehler ist oft zufällig – er ist **unbestimmt!**

Anscheinend muss es ein Grundphänomen der Welt sein, den paradiesischen Zustand wiederherstellen zu wollen. Wenn man aber nur die Möglichkeit von Versuch und Irrtum zur Verfügung hat, ist es durchaus sinnvoll, einen **Wettbewerb** ins Leben zu rufen, bei dem die besten Versuche prämiert werden. Um die besten Versuche bewerten zu können ist aber Gedächtnis unabdingbar. Der Preis für gute, erfolgreiche Versuche ist, dass die Erfolgreichen weiter machen dürfen, die anderen nicht. Wichtig ist hier zu erwähnen, dass bei komplexen Problemstellungen durchaus verschiedenartige Versuche erfolgreich sein können, die sich in ihren Qualitäten unterscheiden.

Der Wettbewerb wirkt wie ein Motor, dient aber auch der Auswahl der Erfolgreichen – aber nur dann, wenn man die vorliegenden Ergebnisse vergleichen kann! Man muss auch frühere Ergebnisse speichern können und dazu benötigt man eine Datenbank – ein Gedächtnis. Ein besseres (komplexeres) Gedächtnis ermöglicht nicht nur bessere (komplexere) Vergleichsmöglichkeiten, sondern bietet dem Besitzer auch ungeahnte Wettbewerbsvorteile! Dafür bietet sich **Kooperation** an, ein Bit allein kann nur eine Information speichern, mit zwei Bits kann man bereits vier verschiedene Zustände realisieren.

Damit haben wir bereits die drei Grundlagen der Evolution beisammen: **Wettbewerb, Kooperation und Unbestimmtheit**. Man kann oder sollte Evolution als das Grundphänomen unserer Welt betrachten, wobei man verschiedene Evolutionsarten mit unterschiedlichen Zeitregimes differenzieren muss, z.B. physikalische, biologische oder kulturelle Evolution (man kann davon ausgehen, dass die kulturelle Evolution um einen Faktor im Millionenbereich schneller ist als die biologische und die physikalische mindestens um den gleichen Faktor langsamer).

Wettbewerb und Kooperation haben demnach einen gemeinsamen Nenner: **Gedächtnis**. Bewertbarer Wettbewerb benötigt gute Gedächtnisse, Kooperation ist in der Lage, diese zu erzeugen. Es ist daher sinnvoll, die beiden Begriffe Gedächtnis und Kooperation näher zu beleuchten. Ich habe oben leichtfertig Gedächtnis und Datenbank synonym benutzt, was einer Erklärung bedarf. Natürlich gibt es Unterscheidungen, aber beide Begriffe sind miteinander verknüpft. Wenn die Menge der sinnvollen Informationen das vorhandene Gedächtnis übersteigt, gibt es zwei Möglichkeiten, die durchaus parallel verfolgt werden sollten. Eine Möglichkeit ist natürlich das Gedächtnis zu vergrößern, zu verbessern, was ein vergleichsweise langwieriger Prozess ist, mit der Gefahr, dass in dieser Zeit wertvolle Informationen verloren gehen könnten.

Da ich, so wie wir alle, ein Produkt der Evolution bin, ist es nicht abwegig, evolutionäre Ideen und Prozesse mit Beispielen aus der menschlichen Geschichte zu verdeutlichen. Wenn also die Menge der sinnvollen Informationen das verfügbare Gedächtnis überfordern, muss man einem drohenden Datenverlust vorbeugen. Dazu bestehen im Wesentlichen zwei Möglichkeiten. Man kann einen Prozess initialisieren, in dem wichtige Informationen ständig wiederholt werden, z.B. durch Ritualisierung oder Kanonisierung. Durch diesen Prozess werden Informationen auf viele Gedächtnisse übertragen, wodurch ein möglicher Datenverlust minimiert wird. Eine andere, aber etwas aufwendigere Methode ist eine Auslagerung wichtiger Daten auf eine „Festplatte". Man denke an den Rosetta-Stein, an Moses, der mit in Stein gemeißelten Geboten vom Berg kam, an Papyrus-Rollen der alten Ägypter, an die vielen in Stein gemeißelten Reliefs weltweit, an die vielen gedruckten Bücher und nicht zuletzt an die Festplatten unserer Computer.

So einfach uns Datenspeicherung heute erscheint, so gewaltig und revolutionär ist dessen Entwicklung aus evolutionärer Sicht. Es wird eine symbolische Darstellung von Informationen benötigt, wir können Zeichnungen, Zeichen, Buchstaben, Bits und vieles mehr als Symbole betrachten. Es muss eine möglichst eindeutige Zuordnung von Symbol und Information bestehen, um zusätzliche Fehlerquellen zu vermeiden und diese Symbole sollten sehr langlebig sein. Diese Symbole müssen aus Einzelteilen geformt werden und dennoch stabil sein! Wenn in einem Uruniversum aber nur Gravitation als Wechselwirkung vorhanden ist, kann auch nur diese Gravitation für die Ausbildung von Gedächtnis und von Symbolen verantwortlich sein. Da nach unserer heutigen Erkenntnis Gravitation nur auf Massen wirkt, liegt die Vermutung nahe, dass die frühen Gedächtnisse und Symbole einen materiellen Charakter hatten.

Ein tieferes Verständnis der Evolution lehrt uns, dass sich eine Wechselwirkung und die zugehörigen Partner immer parallel entwickeln, nicht erst das eine und dann das andere. Gravitation und Masse müssen sich also gleichzeitig entwickelt haben. Gravitation ist die schwächste der uns heute bekannten Wechselwirkungen, schließt aber nicht aus, dass sie sich aus einer noch sehr viel schwächeren Wechselwirkung entwickelt hat, die uns (noch) nicht zugänglich ist.

Masse muss also bereits in einem sehr frühen Universum entstanden sein, lange, lange bevor es Elektromagnetismus gab. Aber warum ist der Elektromagnetismus entstanden? Gibt es dafür einen hinreichenden Grund? Eine Antwort darauf kann uns eine nähere Betrachtung der Kooperation geben. Kooperation ist ja nichts anderes als eine Verbindung, Verknüpfung, Zusammenarbeit von zuvor individuell operierenden Subjekten. Kooperationen sind umso effektiver je enger und fester die Verbindung der einzelnen Partner ist und je besser deren Kommunikation untereinander ist. Das sind die gleichen Kriterien, die auch auf eine erfolgreiche Gemeinschaft oder Firma zutreffen. Eine schwache Wechselwirkung kann zudem nur eine langsame Annäherung der Partner bewirken. Wenn also eine schnellere Verbesserung, Vergrößerung von Gedächtnis und Kooperation angestrebt wird, kommt man nicht um eine stärkere Wechselwirkung und effektivere Kommunikation umhin.

Es ist also vorstellbar, dass sich die ersten Störungen in Form von Gravitation bemerkbar machten, einer extrem schwachen Wechselwirkung, deren Kommunikationsform uns bis heute rätselhaft ist. Wenn aber genügend Gravitation vorhanden ist, macht es durchaus Sinn, diese in größeren Einheiten zu bündeln oder zusammenzufassen. Auch wir versuchen heute bei Firmen und ähnlichem größere Komplexe zu bilden, um beispielsweise statistische oder regionale Schwankungen besser abzufedern. Wie sich diese Entwicklung tatsächlich vollzog ist uns Menschen bisher verborgen, da uns als sehr spätes Produkt der Evolution wohl keine Sinnesorgane dafür als notwendig erachtet wurden.

Aber, vor langer, langer Zeit, (sogenannte Experten meinen) vielleicht vor 13 Milliarden Jahren, soweit dieser Begriff auf einer exponentiellen Skala, und längst bevor der Begriff Jahr überhaupt definiert werden konnte, Sinn macht, kreierte die Evolution das Wasserstoffatom und damit eine neue Wechselwirkung und eine neue Form der Kommunikation, den Elektromagnetismus. Wenn man die vorrangige Aufgabe des Elektromagnetismus mit einer zügigeren Erschaffung besserer lokaler Gedächtnisse und einer Steigerung der Kooperationsfähigkeit benachbarter Partner begründet, dann lässt sich auch eine vergleichsweise langsame Kommunikationsgeschwindigkeit wie die Lichtgeschwindigkeit c verstehen. Vermutlich war diese Wechselwirkung niemals für eine intergalaktische Kommunikation vorgesehen.

Vorrangige Aufgabe des Menschen ist das Überleben auf der Erde. Deshalb haben wir die für diese Aufgabe notwendigen und besten Sinne entwickelt. Außer dem Hören, das an Luft, an unsere Atmosphäre, also letztlich erdgebunden ist, haben wir nur einen wirklichen Fernsinn im Angebot, das Sehen. Und der Mechanismus dieses Sehsinns ist im Elektromagnetismus begründet. Inzwischen ist dieser einigermaßen verstanden und das Spektrum auf Radiowellen etc. erweitert. Unser Zugriff auf den Kosmos ist elektromagnetisch und daher ist die

Vor-Wasserstoff-Ära für uns ‚unsichtbar', das heißt aber nicht, das es sie nicht gibt.

Elektromagnetismus ist aus evolutionärer Sicht eine neuere, komplexere Kommunikationsform und damit diese nicht durch mögliches Hintergrundrauschen der Gravitation oder ähnlichem gestört wird, hat die Natur möglicherweise einen Schwellenwert gesetzt, die Planck-Konstante h. Erst wenn dieser erreicht ist, wird eine Information auch elektromagnetisch wahrgenommen oder als solche betrachtet. Das Photon ist also kein fundamentaler Bestandteil der Welt, sondern das Basiselement einer komplexeren Sprache (Kommunikation).

Ein Wasserstoffatom lässt sich durchaus als einfaches Gedächtnis betrachten. Es kann eine Information (Photon) aufnehmen und bei Bedarf später wieder abgeben. Gewissermaßen handelt es sich um ein elektromagnetisches Gedächtnis. Wie oben schon erwähnt, ist es im Interesse der Evolution bessere Gedächtnisleistungen zu erzielen und als ersten Schritt zwei Wasserstoffatome zu fusionieren. Der bekannteste Fusionsreaktor ist unsere Sonne, die Wassersoff zu Helium fusioniert. Als Folgeprodukte entstehen dann auch die anderen bekannten Elemente. Aber, wie wir alle wissen, können Fusionen durchaus auch problematisch sein und es gibt gewisse Grenzen, ab denen andere Organisationsformen besser geeignet sind. Moleküle und Molekülketten scheinen diesen Umständen besser gerecht zu werden. Einen Spitzenplatz bei den Informationsketten nimmt ganz sicherlich die menschliche DNA ein.

Diese kleine Geschichte der Welt erhebt keinen Anspruch auf Vollständigkeit, zeigt aber, dass man unsere Welt sehr gut evolutionär erklären kann, mit all den Besonderheiten und feinabgestimmten Konstanten (die in Wahrheit wohl gar keine Konstanten sind), ohne Multiversen, Urknall und sonstige waghalsige Hypothesen. Für die Evolution ist das Unwahrscheinliche das normalste der Welt. Evolution baut auf Erreichtem auf, mit der Prämisse besserer Gedächtnisleistungen dank höherer Komplexität. Dass wir auf Grund des Elektromagnetismus einen Teil der Welt sehen können, war wohl kein Ziel, sondern ein Nebenprodukt der Evolution. Dunkle Materie und viele andere offene Fragen erklären sich aus evolutionärer Sicht der Welt von selbst. Man muss nur eine Hürde überspringen, Energieerhaltung nicht für die gesamte Welt zu fordern, nicht von einem Teil auf das Ganze zu schließen.

Folgt man diesem Gedankengang, hat das Auswirkungen auf unsere Vorstellungen von der Welt, unserem Kosmos:
- Die Welt ist lebendig (Paracelsus)
- Die Schöpfung hat nicht stattgefunden – sie findet statt
- Unser Kosmos ist ein offenes System
- In einem offenen System sind Erhaltungsaussagen irrelevant
- Wenn die Anzahl der Fehlerbeseitigungsversuche proportional der Anzahl der Fehler ist, dann sollte die Entwicklung unserer Welt in etwa einer e-Funktion genügen
- Die e-Funktion ist inkompatibel mit Erhaltung
- Evolution ist nicht gleichmäßig, sondern erfolgt in Schüben und auch gelegentlichen Rückschritten
- Die Regeln (Gesetze) des Kosmos sind abhängig von seiner Größe (Anzahl der Teilnehmer) und Komplexität

Fazit

Betrachtet man den Kosmos als Informations-Pool, dessen Aufgabe darin besteht, Informationen zu verbreiten, zu kommunizieren, dann muss es das Hauptanliegen einer jeden Kommunikation sein, diese Aufgabe möglichst fehlerfrei zu bewerkstelligen. Daher müssen Vorkehrungen getroffen werden, dies zu ermöglichen (Beispiel: Planck-Konstante h). Die Güte einer Kommunikation lässt sich eindeutig über ihre Fehlerrate bewerten.

Allerdings sind selbst bei der besten Kommunikation minimalste Fehler unvermeidbar (nobody is perfect). Diese unvermeidlichen zufälligen Fehler kann man oder muss man sogar als neue Information betrachten. Und genau diese zufälligen Fehler, die zwar extrem selten aber leider auch nicht auszuschließen sind, haben eine geringfügige Zunahme des Informations-Pools und somit des Kosmos zur Folge. Dabei werden Fehler, die keinen Sinn ergeben, gar nicht berücksichtigt.

Eine Energiezunahme des Kosmos lässt sich nur durch zufällige Fehler erklären. In den exakten Wissenschaften sind Fehler aber kein integraler Bestandteil und somit ist dort Energieerhaltung normativ.

PS: Wenn Sie in der Lage sein sollten, erstens alle Ihnen bekannten und unbekannten zufälligen Fehler zu summieren, zweitens diese Summe in Jahre umzurechnen und drittens dabei noch etwa die Zahl 13700000000 (13,7 Milliarden) zu erhalten, dann erfüllen Sie allerbeste Voraussetzungen, in die Gilde der elitären theoretischen Physiker aufgenommen werden zu können.

Literatur

P. Bieri: Das Handwerk der Freiheit
R. Dawkins: Climbing Mount Improbable
A. Doxiadis / C. Papadimitiriou: Logicomix
G. Hiller: Meine Zeit
D. R. Hofstadter: Gödel, Escher, Bach
J. Huxley: Evolutionary Humanism
M. Livio: Brilliant Blunders
N. Luhmann: Einführung in die Systemtheorie
J. Monod: Zufall und Notwendigkeit
R. M. Pirsig: Zen und die Kunst ein Motorrad zu warten
S. Strogatz: Sync

Weitere Literaturhinweise finden Sie am Ende meiner ersten Veröffentlichung (Meine Zeit). Viele der hier vorgestellten Gedanken bauen direkt auf den dort vorgestellten Überlegungen auf.

Physik, insbesondere Experimentalphysik, beruht, und kann nur beruhen, auf der Untersuchung begrenzter Systeme. Reproduzierbarkeit der Ergebnisse erhält man dadurch, dass man die Randbedingungen konstant hält, oder zumindest deren Änderungen in Betracht zieht. Verallgemeinert man diese Erkenntnisse auf den gesamten Kosmos, muss dieser auch begrenzt sein und das Ergebnis sind die begrenzten Vorstellungen renommierter Physiker, wie beispielsweise eine Urknall- oder Multiversentheorie. Diese Theorien implizieren Begrenztheit der Systeme, aber auch der Vorstellungskraft ihrer Verfechter.

Betrachtet man dagegen den Kosmos als offenes System, so wie es beispielsweise schon Kurt Gödel für die Logik impliziert hat, müssen einige klassische Vorstellungen revidiert werden. Ein offenes System kann durchaus endlich sein, aber es hat keinen Rand. Demzufolge ist es sinnlos über Randbedingungen oder Erhaltungsgrößen zu sprechen. Zudem ist jede Vorstellung eines „außerhalb" unsinnig, man kann nur von einem Universum, dem Universum, unserem Universum sprechen und denken.

Nun unterliegt aber auch unsere Vorstellungskraft der Evolution, es bedarf aber einiger Zeit, um neue Vorstellungen zum Allgemeingut werden zu lassen. Im Grunde genommen übersteigt ein offenes Universum unsere Vorstellungskraft. Eine offene Kosmologie vereinfacht und erklärt aber vieles, was sonst nur näherungsweise mit den unmöglichsten und abstrusesten Theorien beschrieben werden kann, aber auf Kosten einer Vorhersehbarkeit der Zukunft. Diesen Preis müssen wir der Unbestimmtheit zollen, die ein integraler Bestandteil der Evolution und offener Systeme ist.

www.ingramcontent.com/pod-product-compliance
Lightning Source LLC
Chambersburg PA
CBHW050105230526
45470CB00004B/1681